“十三五”普通高等教育系列教材

电工与电机实验技术

主编　于文波
编写　富　强
主审　孙淑艳　李永刚

中国电力出版社
CHINA ELECTRIC POWER PRESS

内 容 提 要

本书分为两篇，共二十四个实验项目，第一篇为电工实验技术，主要包括直流、交流、单相、三相及暂态等十四个实验项目；第二篇为电机实验技术，主要包括直流电机、变压器、异步电机、同步电机等十个实验项目。

本书可作为本科、高职高专院校有关专业学生的实验教学用书，也可作为相关工程技术人员的参考书。

图书在版编目(CIP)数据

电工与电机实验技术/于文波主编. —北京：中国电力出版社，2017.8(2024.7 重印)

“十三五”普通高等教育规划教材

ISBN 978-7-5198-0870-9

Ⅰ.①电… Ⅱ.①于… Ⅲ.①电工实验-高等学校-教材 ②电机-实验-高等学校-教材 Ⅳ.①TM-33

中国版本图书馆 CIP 数据核字(2017)第 184041 号

出版发行：中国电力出版社

地　　址：北京市东城区北京站西街 19 号（邮政编码 100005）

网　　址：http://www.cepp.sgcc.com.cn

责任编辑：陈　硕（010-63412532）

责任校对：闫秀英

装帧设计：左　铭

责任印制：吴　迪

印　　刷：北京天泽润科贸有限公司

版　　次：2017 年 8 月第一版

印　　次：2024 年 7 月北京第六次印刷

开　　本：787 毫米×1092 毫米　16 开本

印　　张：8

字　　数：189 千字

定　　价：**22.00** 元

前　言

本书是配合工科非电类及电气类少学时本科、高职高专院校或函授等相关专业的电路、电工学、电机与拖动基础、电机学等课程的实践教学编写的。实验是巩固和加深课堂教学内容的一个重要环节，通过实验环节可提高学生的实际动手能力，培养严谨的工作作风，为后续课程学习奠定扎实的基础。

本书整合了电工实验和电机实验两大部分实验内容，优化了教学资源。书中共选编了电路、电工学、电机学等课程中的二十四个实验，其中电工实验技术部分包括十四个典型实验，电机实验技术部分包括十个典型实验。本书在内容安排上具有针对性和实用性，读者可根据专业和学时的不同，对实验内容进行不同的组合，以满足实验教学的需要。本书编写注重将理论知识与实际应用相结合，注重实验操作技能的培养和训练，注重锻炼学生的动手能力、分析问题和解决问题的能力。

本书由沈阳工程学院于文波担任主编，并编写第一篇和附录 A；第二篇和附录 B 由富强编写。全书由于文波统稿。华北电力大学孙淑艳高级工程师和李永刚教授担任本书主审，并提出了许多宝贵的意见和建议，在此表示衷心的感谢！

限于编者水平，难免存在一些疏漏和不当之处，恳请广大读者批评指正。

编　者

2017 年 6 月

目　　录

实验基本要求

实验是科学技术发展的重要环节之一，无论是基础科学的研究还是应用技术的研究都要进行大量的实验。从事任何实验都要求实验人员具备相应的理论知识、实验技能以及归纳总结实验结果的能力。电工实验及电机实验是电气工程领域最基本的实验环节，在电类的本科和专科教学进程中，奠定了学生的专业理论水平、工程意识、基本实验技能基础。

为了高质量地完成实验教学任务，教师应对学生提出严格要求，具体如下：

一、实验预习

预习时要正确地应用基本理论分析清楚实验原理；综合考虑实验环境和实验条件，明确所设计的实验及提出任务的可行性；预测实验结果并写出预习报告。具体包括：

（1）必须了解实验室的有关规章制度和安全技术的要求。

（2）认真阅读实验教材及有关参考书，明确实验目的、实验原理、实验设备、实验方法、操作步骤及注意事项。

（3）认真复习理论教材中的有关内容。

（4）写出预习报告，主要内容包括实验名称、原理、实验设备及注意事项和原始数据表格等。无预习报告者不得参加实验。

二、实验操作

实验操作是在详细预习报告指导下，在实验室进行的整个实验过程，包括熟悉、检查及使用实验器件与仪器仪表，连接实验电路，实际测试与数据的记录及实验后的整理工作等。

1. 了解《学生实验守则》

《学生实验守则》内容如下：

（1）实验前必须认真预习实验内容及相关理论知识，明确实验目的、步骤、原理、初步了解实验所用仪器仪表的性能及使用方法，完成预习报告。实验时必须携带实验教材及预习报告。接受教师提问检查，预习不合格者，必须重新预习，否则不能做实验。

（2）必须按规定时间进行实验，因故不能做实验者，须向指导教师请假；所缺实验要在本课程考试之前补齐。迟到时间长者不得参加本次实验，应该进行补做。

（3）进入实验室后要保持安静，不得高声喧哗和打闹，不准吸烟，不准随地吐痰和吐口香糖，不准乱抛纸屑杂物，要保持实验室和实验台面及抽屉里的整洁。

（4）进行实验时必须严格遵守实验室的规章制度和仪器设备的操作规程，按照教师或指导书的要求去做，以免发生意外事故损坏仪器设备甚至人身伤害；否则责任自负。

（5）实验时要注意安全，若发现异常（出现冒烟或绝缘物烧焦气味等）应立即断开电源，防止事故扩大，并注意保护好现场，及时向指导教师报告。待指导教师查明原因，排除故障后，方可继续实验。

（6）要爱护仪器设备，使用前详细检查，使用后断掉所有仪表及设备的电源，发现丢失或损坏立即报告。不准将实验室的仪表、工具及器件等任何物品带出实验室。实验要认真，实事求是，不得抄袭和编造实验数据。

（7）实验后要认真按指导书的要求完成实验报告，对不符合要求的实验报告应退回重做，并在教师规定的时间内将实验报告（包括原始数据记录单）由课代表送交实验教师。

2. 分组实验

实验以小组为单位进行，每个小组2～3人。小组成员分工合作，进行如接线、操作设备、仪表读数、记录数据等工作。

3. 实验操作注意事项

实验前要检查仪器仪表是否完好，量程是否合适，了解仪器仪表性能及使用方法和注意事项，然后按要求接线和调试，准备工作就绪后，方可进行操作并记录现象。主要注意事项如下：

（1）实验线路的连接是建立实验系统最关键的工作。

1）要能够按电路原理图接实际电路。连接顺序一般是先串后并，先主后辅（先主电路，后辅助电路）。对连接完的电路要做细致检查，这是保证实验顺利进行、防止事故发生的重要措施，因此不能有丝毫疏忽。

2）正常情况下，连好实验线路，即可开始实验测量工作。但有时也会出现一些意想不到的故障，必须先排除故障，以保证实验的顺利进行。

（2）实际测试与记录数据，是实验过程中最重要的环节。

1）在测试过程中，可能会出现故障报警，要及时分析原因。排除故障后，再进行实验，不可盲目操作，慌乱应对。

2）测试中，应尽可能及时地对数据作初步的分析，以便及时地发现问题，当即采取可能的必要措施，以提高实验质量。

3）实验完毕后，不要忙于拆除实验线路。应先切断电源，待检查实验测试没有遗漏和错误后再拆线。如发现异常，必须在原有的实验状态下，查找原因，并做出相应的分析。

（3）填写实验日志和原始数据记录单签字，是实验结束的重要标志。

1）检查所用仪器仪表的完好情况，将导线整理成束放在抽屉里。

2）填写“实验日志”。

3）请指导教师检查所记录的原始数据，并在原始数据记录单和“实验日志”上签字（原始数据记录单须附在实验报告中交给指导教师。）

三、撰写实验报告

实验报告是实验工作的继续，又是实验工作的总结。将实验中得到的初步的、零散的感性的认识进行归纳整理、分析研究，从而得出科学的结论，这就是实验报告的主要任务。写实验报告应做到字迹工整、叙述简练、逻辑性强、数据齐全、图表规范正确。其具体内容为：

（1）填好封面各项内容（包括实验名称、专业名称、姓名学号、实验台号、实验日期等）。

（2）实验目的。

（3）实验电路图。

（4）实验设备。以表格形式写出设备的名称、型号、规格、编号等。

（5）实验内容及步骤。概括地、条理分明地写出实验内容及步骤。

（6）数据处理及结果表示。根据原始数据对实验结果进行计算、处理、分析和归纳，得到标准形式的结果表示（一般要画表格）、函数图像等。绘制实验特性曲线要用坐标纸，根据实验数据选择适当的比例，标明坐标轴的标尺单位。曲线要求圆滑连续，不能画成折线状。

（7）实验分析。一般是指进行实验方案比较、误差分析和提出改进建议等，或者根据实验报告要求的内容分析、归纳出相应的结论。

一份合格的实验报告，从内容上讲可能要比上述内容更详细。因此，写实验报告时，要结合具体的实验内容，按需要逐项撰写清楚，可不必受上述规定的限制。

第一篇

电 工 实 验 技 术

实验一　电位、电压的测定及电路电位图的绘制

实验目的

（1）掌握电位和电压的测量方法，加深对参考点的理解。
（2）学会电路电位图的绘制方法。
（3）熟悉实验台上仪表的使用和布局。
（4）熟悉恒压源和直流数字电压表的使用方法。

实验原理与说明

在一个确定的闭合电路中，各点电位的高低随电位参考点的变化而发生变化，但任意两点之间的电压（电位差）不随参考点的变化而改变，这一性质称为电位的相对性和电压的绝对性。据此性质，就可用一个电压表来测量各点的电位及任意两点间的电压。

1. 电位的测量方法

测直流电路中某点的电位时，应选择电压表的适合量程，电压表的负极性（黑表笔）端接在参考点上，正极性（红表笔）端接在待测点上。若为数字电压表，则显示值即为该待测点的电位值，若为指针式电压表，如果指针正偏，则待测点电位的读数为正值；如果指针反偏，要交换红黑表笔再进行测量，待测点电位的读数记为负值。

2. 电压的测量方法

测直流电路中某两点间的电压时，电压表的正极性（红表笔）端接在电压参考方向的高电位（正）端，负极性（黑表笔）端接在电压参考方向的低电位（负）端。若为数字电压表，则显示值即为两点间的电压值。若为指针式电压表，如果指针正偏，则两点间的电压的读数为正值；如果指针反偏，交换红黑表笔再进行测量，两点间的电压的读数记为负值。

3. 电位图的绘制

若以电路中的电位作为纵坐标，电路中电阻作为横坐标，将测量到的各点电位在该坐标平面中标出，并将标出点按顺序用直线段相连接就可得到电路的电位图。每段直线即表示该两点间电位的变化情况。而且，任意两点的电位变化，即为该两点之间的电压。

在电路中，电位参考点可任意选定，对应不同的参考点所绘出的电位图是不同的，但电位变化的规律却是一样的。

实验设备

实验设备清单见表 1-1-1。

表 1-1-1　　实验设备清单

名称	型号	规格	数量	编号	备注
恒压源		0～30V 可调	1		双路
直流数字电压表		3 位半/20V	1		
实验电路板			1		
导线			若干		

实验内容

实验电路如图 1-1-1 所示。图中，$R_1=R_3=R_4=510\Omega$，$R_2=1k\Omega$，$R_5=330\Omega$，电源 U_{S1}将恒压源一路的输出电压调到+6V，U_{S2}将恒压源另一路的输出电压调到+12V（均以直流电压表读数为准）。实验前先熟悉实验电路板结构，掌握各开关的操作使用方法，S1 向上与外接的 U_{S1} 相连，向下 EF 两点短路；S2 向上与外接的 U_{S2} 相连，向下 BC 两点短路；S3 向上与电阻 R_3 相连，向下与二极管 VD 相连；故障选择开关向下电路无故障，向上电路存在故障。本实验要求 S1、S2 开关都置向上状态将恒压源 U_{S1}、U_{S2} 接入电路，开关 S3 置向上状态将电阻 R_3 接入电路，故障选择开关置向下电路处正常状态。

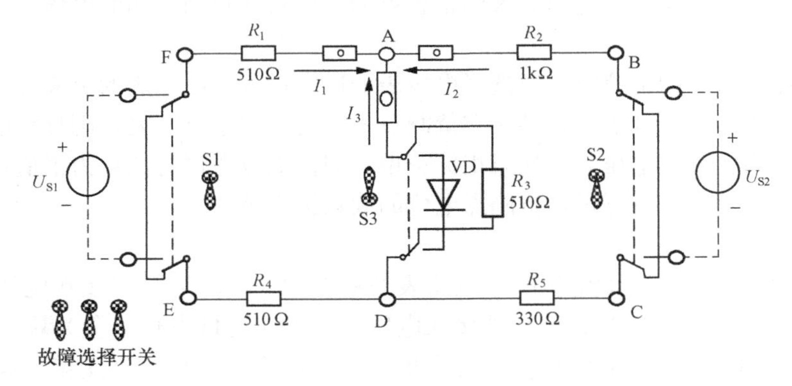

图 1-1-1　电位、电压测量电路

1. 测量电路中各点电位

以图 1-1-1 中的 A 点为电位参考点，分别测量 B、C、D、E、F 点的电位。

用电压表的负极性（黑表笔）端插入参考点 A 点上，正极性（红表笔）端分别插入 B、C、D、E、F 各点进行测量，测得数据记入表 1-1-2 中。

以 D 点为电位参考点，分别测量 A、B、C、E、F 点的电位，测得数据记入表 1-1-2 中。

2. 测量电路中相邻两点之间的电压值

在图 1-1-1 中，测量 U_{AB}、U_{BC}、U_{CD}、U_{DE}、U_{EF}及 U_{FA}的电压值。例如，测量电压 U_{AB}时，将电压表的正极性（红表笔）端插入 A 点，负极性（黑表笔）端插入 B 点，电压表读数即为 U_{AB}的电压。按同样方法测量出 U_{BC}、U_{CD}、U_{DE}、U_{EF}及 U_{FA}的电压，测得数据记入表 1-1-2 中。

表 1-1-2　　电路中各点电位和电压测量数据（单位：V）

电位参考点	V_A	V_B	V_C	V_D	V_E	V_F	U_{AB}	U_{BC}	U_{CD}	U_{DE}	U_{EF}	U_{FA}
A	0											
D				0								

实验注意事项

（1）实验中恒压源 U_{S1} 和 U_{S2} 的电压值，应该用电压表校准，以电压表测量的读数为准。

（2）注意实验电路板上的开关应置于正确位置。

（3）用数字直流电压表测量电位时，若显示正值，则表明该点电位为正（即高于参考点电位）；若显示负值，表明该点电位为负（即该点电位低于参考点电位）。

（4）使用数字直流电压表测量电压时，若显示正值，则表明电压参考方向与实际方向一致；若显示负值，表明电压参考方向与实际方向相反。

预习思考题

（1）电位参考点不同，各点电位是否相同？任意两点间的电压是否相同，为什么？

（2）在测量电位、电压时，为何数据前标出“±”符号，它们各表示什么意义？

（3）什么是电位图？不同的电位参考点电位图是否相同？

实验报告要求

（1）根据实验数据，用坐标纸分别绘制出以 A 点和 D 点为参考点的电位图。

（2）回答预习思考题。

实验二　电阻元件伏安特性的测量

实验目的

（1）学习线性电阻、非线性电阻元件伏安特性的测定方法。

（2）加深对线性电阻、非线性电阻元件伏安特性的理解。

（3）掌握稳压电源、直流数字电压表、电流表的使用方法。

实验原理与说明

二端电阻元件的伏安特性是指该元件上的端电压 u 与通过该元件的电流 i 之间的函数关系，用 $u=f(i)$ 来表示。在 $u-i$ 坐标平面上表示电阻元件的电压电流关系曲线称为伏安特性曲线。根据伏安特性的不同，电阻元件分为线性电阻和非线性电阻两大类。

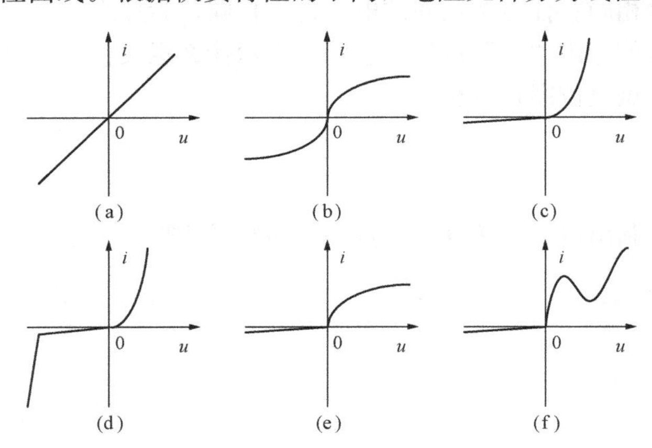

图 1-2-1　电阻元件的伏安特性

(a) 线性电阻元件的伏安特性；(b) 白炽灯的伏安特性；(c) 普通二极管的伏安特性；(d) 稳压二极管的伏安特性；(e) 恒流管伏安特性；(f) 隧道二极管的伏安特性

线性电阻元件的端电压 u 与电流 i 符合欧姆定律，即 $u = Ri$。其中 R 称为元件的电阻，是一个常数，其伏安特性曲线是一条通过坐标原点的直线，如图 1-2-1（a）所示。该直线的斜率只与元件的电阻 R 有关，与元件两端的电压 u 和通过该元件的电流 i 无关。线性电阻元件具有双向性。

非线性电阻元件的端电压 u 与电流 i 的关系是非线性关系，其阻值 R 不是一个常数，随着电流或电压的变化而变化，其伏安特性曲线是一条通过坐标原点的曲线。非线性电阻元件种类繁多，常见的如白炽灯丝、普通二极管、稳压二极管、恒流管和隧道二极管等，它们的伏安特性曲线分别如图 1-2-1（b）～（f）。在图 1-2-1 中，$u>0$ 的部分为正向特性，$u<0$ 的部分为反向特性。

伏安特性曲线的绘制通常采用逐点测试法，即在不同的端电压作用下，测量出相应的电流，然后逐点绘制出伏安特性曲线。

实验设备

实验设备清单见表 1-2-1。

表 1-2-1　**实验设备清单**

名称	型号	规格	数量	编号	备注
恒压源		0～30V 可调	1		双路
直流数字电压表		3 位半/ 20V	1		
直流数字电流表		3 位半/ 20mA	1		
线性电阻		1kΩ	1		4～8W
白炽灯		6.3V	1		
电阻箱			1		
普通二极管	1N4007		1		
稳压二极管	2CW51		1		

实验内容

1. 测定线性电阻的伏安特性

按图 1-2-2 接线，图中电源 U_S 选用恒压源，R_L 为 1kΩ 的线性电阻。

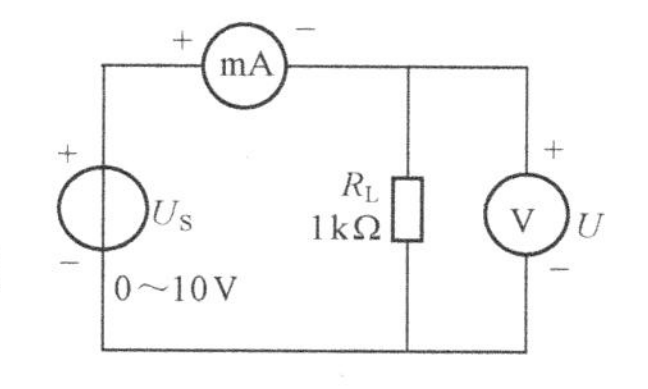

图 1-2-2　线性电阻伏安特性测量电路

调节恒压源的可调输出旋钮使输出电压 U 从 0V 开始逐渐增加（不要超过 10V），按表 1-2-2 中的电压值进行测量，将相应的电压表和电流表的读数记入表 1-2-2 中。

表 1-2-2　**线性电阻伏安特性测量数据**

U (V)	0	2	4	6	8	10
I (mA)						

2. 测定 6.3V 白炽灯泡的伏安特性

将图 1-2-2 中的 1kΩ 线性电阻换成一只 6.3V 的白炽灯泡，改变恒压源的电压值（不要超过 6.3V），按表 1-2-3 中的电压值进行测量，将相应的电压表和电流表的读数记入表 1-2-3 中。

表 1-2-3　**6.3V 白炽灯泡伏安特性测量数据**

U (V)	0	1	2	3	4	5	6.3
I (mA)							

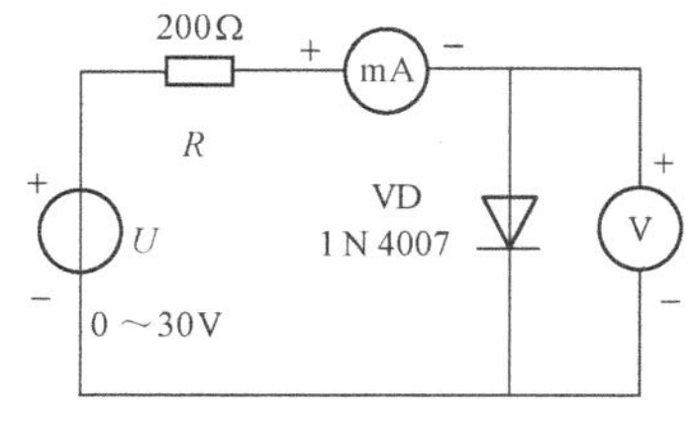

图 1-2-3　二极管伏安特性测量电路

3. 测定半导体二极管的伏安特性

按图 1-2-3 接线，R 为限流电阻，由电阻箱调出 200Ω；二极管 VD 的型号为 1N4007。测二极管的正向特性时，其正向电流不得超过 25mA。二极管 VD 的正向压降可在 0～0.75V 之间取值，在 0.5～0.75 之间应多取几个测量点。改变恒压源的电压值（不能超过 0.75V），按表 1-2-4 中的电压值进行测量，将相应的电压表和电流表的读数记入表 1-2-4 中。测二极管的反向特性时，将可调恒压源的输出端正、负连线互换，调节恒压源的可调输出旋钮使输出电压 U 从 0V 开始逐渐增加，按表 1-2-5 中的电压值进行测量，将相应的电压表和电流表的读数记入表 1-2-5 中。

表 1-2-4 二极管正向特性测量数据

U (V)	0	0.2	0.4	0.45	0.5	0.55	0.60	0.65	0.70	0.75
I (mA)										

表 1-2-5 二极管反向特性测量数据

U (V)	0	−5	−10	−15	−20	−25	−30
I (mA)							

4. 测定稳压管的伏安特性

将图 1-2-3 中的二极管 1N4007 换成稳压管 2CW51，测量稳压管的正、反向特性。按表 1-2-6 和表 1-2-7 中的电压值改变恒压源的电压进行测量，其正、反向电流不得超过 ±20mA，将测量数据分别记入表 1-2-6 和表 1-2-7 中。

表 1-2-6 稳压管正向特性测量数据

U (V)	0	0.2	0.4	0.45	0.5	0.55	0.60	0.65	0.70	0.75
I (mA)										

表 1-2-7 稳压管反向特性测量数据

U (V)	0	−1	−1.5	−2	−2.5	−2.8	−3	−3.2	−3.5	−3.55
I (mA)										

实验注意事项

(1) 恒压源接入电路之前应将可调输出旋钮置零位（即输出电压为 0V），调节时应缓慢增加电压，应时刻注意电压表和电流表的读数，不能超过要求的电压和电流值。

(2) 注意恒压源使用时输出端不能短路。

(3) 电压表和电流表的极性不要接错，使用时注意不要超量程。

(4) 测二极管和稳压管的伏安特性时，必须接限流电阻，否则容易损坏设备。

预习思考题

(1) 线性电阻与非线性电阻的伏安特性有何区别？它们的电阻值与通过的电流有无关系？

(2) 如何计算线性电阻与非线性电阻的电阻值？

(3) 举例说明哪些元件是线性电阻，哪些元件是非线性电阻，它们的伏安特性曲线有什么特点？

实验报告要求

（1）根据实验测量数据，用坐标纸分别绘制出各个电阻元件的伏安特性曲线，并说明所测各元件的特性。

（2）根据线性电阻的伏安特性曲线，计算线性电阻的电阻值，并与实际电阻值进行比较。

（3）根据白炽灯的伏安特性曲线，计算白炽灯在额定电压（6.3V）时的电阻值。当电压降低20%时，阻值为多少？

（4）回答预习思考题。

实验三　基尔霍夫定律的验证及故障处理

实验目的

（1）验证基尔霍夫定律，加深对基尔霍夫定律的理解。

（2）加深理解参考方向与实际方向的关系。

（3）学会电流表与电流插头、电流插口配合使用测量各支路电流的方法。

（4）学习检查、分析电路简单故障的能力。

实验原理与说明

1. 基尔霍夫定律

基尔霍夫定律是电路理论中最基本的定律之一，普遍适用于线性及非线性电路。

基尔霍夫电流定律（简写 KCL）：在电路中，任一时刻流入到任一节点所有支路电流的代数和为零，即$\sum i=0$。其还可表述为：在任一时刻流入到任一节点的电流总和等于流出该节的电流总和，即$\sum i_{\mathrm{i}}=\sum i_{\mathrm{o}}$。

基尔霍夫电压定律（简写 KVL）：在电路中，任一时刻沿任一回路的各支路电压的代数和为零，即$\sum u=0$。

应用 KCL 时，习惯上规定流入节点的电流取正号，流出节点的电流取负号；一般规定电压方向与绕行方向一致的电压取正号，电压方向与绕行方向相反的电压取负号。在实验前，必须设定电路中所有电流、电压的参考方向，其中电阻上的参考方向取关联方向，本实验参考方向如图 1-3-1 所示。

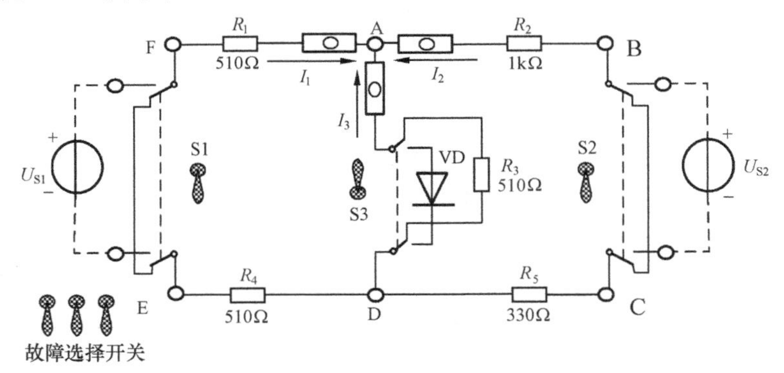

图 1-3-1　基尔霍夫定律验证实验电路

2. 直流电流表与电流插头、电流插口的配合使用

要求电流插头的红接线端与直流毫安表的正极性（红接线）端相连接，电流插头的黑接线端与直流毫安表的负极性（黑接线）端相连接。当电流插头未接入电路时，电流插口处于

短路状态相当于导线；当电流插头接入电流插口时，通过电流插头和电流插口将电流表串入电路，从而实现不改变电路即可测各支路的电流。注意：电流插头一定要接好电流表后再接入电流插口，否则会造成电路断路。

3. 检查、分析电路的简单故障

实验电路中常见的简单故障一般出现在连线部分或元件部分。连线部分的故障通常有连线接错，接触不良（因接触不良而造成的断路或短路等）。元件部分的故障通常有接错元件、元件值错，电源输出（电压或电流）数值错等。

检查故障的一般方法：用万用表电压挡（或电压表）在通电状态下或欧姆挡在断电状态下检查电路故障。

（1）检查线路接线是否正确，仪表规格与量程、元件参数（包括额定电压、额定电流、额定功率）及电源电压大小的选择是否正确。

（2）通电检查法。在接通电源的情况下，用万用表的电压挡或电压表，逐步测量各段的电压（或逐点测量各点对参考点的电位），根据实验电路判断故障原因。一般来说，如果电路中的某一段短路，则短路间的电压为零（或两短路点的电位相等），而其余各段电压不为零；如果串联电路某一点开路，则开路点以前的电位相等，开路点以后的电位不相等。

（3）断电检查法。在断开电源的情况下，用万用表的欧姆挡检查各元件、导线、连接点是否断开，各个器件是否短路。一般来说，如果某无源二端网络中有开路处，该网络两端测出的电阻值比正常值大；如果某无源二端网络中有短路处，该网络两端测出的电阻值比正常值小。

实验设备

实验设备清单见表 1-3-1。

表 1-3-1　实验设备清单

名称	型号	规格	数量	编号	备注
恒压源		0～30V 可调	2		双路
直流数字电压表		3 位半/20V	1		
直流数字电流表		3 位半/20mA	1		
实验电路板			1		
电流插头			1		
导线			若干		

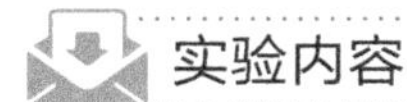

实验内容

实验电路如图 1-3-1 所示。图中，$R_1=R_3=R_4=510\Omega$，$R_2=1\text{k}\Omega$，$R_5=330\Omega$，电源 U_{S1} 将恒压源一路的输出电压调到 +6V，U_{S2} 将恒压源另一路的输出电压调到 +12V（均以直流电压表读数为准）。实验前先设定三条支路的电流参考方向（见图 1-3-1 中的 I_1、I_2、I_3），熟悉实验电路板结构，掌握各开关的操作使用方法，熟悉电流插头和插口的结构。本实验要求 S1、S2 开关都置向上状态将恒压源 U_{S1}、U_{S2} 接入电路；开关 S3 置向上状态将电阻 R_3 接入电路；故障选择开关置向下电路正常，故障选择开关置向上则电路中存在故障。

1. 测量各支路电流

将电流插头分别插入三条支路的三个电流插口中，读出对应的直流数字电流表的指示值，记入表 1-3-2 中。根据图 1-3-1 中的电流参考方向，在节点 A 若电流表读数为“+”，表示测得电流与规定的参考方向一致，电流流入节点；若读数为“－”，表示测得电流与规定的参考方向相反，表示电流流出节点。

表 1-3-2　各支路电流测量数据

支路电流	I_1（mA）	I_2（mA）	I_3（mA）
计算值			
测量值			
相对误差			

2. 测量各元件电压

用直流数字电压表分别测量两个电源及电阻元件上的电压值，将数据记入表 1-3-3 中。测量时电压表的红（正）接线端应插入被测电压前角标端，黑（负）接线端插入被测电压后角标端。

表 1-3-3　各元件电压测量数据表

各元件电压	U_{S1}（V）	U_{S2}（V）	U_{FA}（V）	U_{BA}（V）	U_{DA}（V）	U_{DE}（V）	U_{DC}（V）
计算值							
测量值							
相对误差							

3. 检查、分析电路的简单故障

在图 1-3-1 实验电路中，故障选择开关已设置了开路、短路、元件值错误等故障，用电压表按通电检查法检查、分析电路的简单故障。图 1-3-1 中的恒压源 U_{S1} 单独作用，U_{S2} 不作用（将开关 S2 置向下状态，即 BC 端口短路）。首先将故障选择开关置“正常”，在单电源 U_{S1} 作用下，测量各段电压；然后分别选择“故障 1～3”，测量对应各段电压与“正常”时的电压比较，并将测量的电压数据及分析结果记入表 1-3-4 中。

表 1-3-4　故障电路实验测量数据

电压 / 故障情况	U_{BC}（V）	U_{AB}（V）	U_{CD}（V）	U_{DA}（V）	U_{DE}（V）	U_{EF}（V）	U_{FA}（V）	故障原因
电路正常时								
故障 1								
故障 2								
故障 3								

实验注意事项

（1）实验中恒压源 U_{S1} 和 U_{S2} 的电压值，应该用电压表校准，以电压表测量的读数为准，恒压源表盘指示值为参考。

（2）防止电源两端碰线短路。

（3）实验电路板上的开关应置正确位置，尤其注意故障选择开关的位置。

（4）若用指针式电流表进行测量时，要识别电流插头所接电流表的“+”“−”极性，否则仪表指针可能反偏（电流为负值时），此时必须调换电流表极性，重新测量，此时指针正偏，但读得的电流值必须标记负号。

预习思考题

（1）根据图 1-3-1 所示电路参数，计算出待测的电流 I_1、I_2、I_3 和各电阻上的电压值，分别记入表 1-3-2 和表 1-3-3 中，以便实验测量时，可正确地选定毫安表和电压表的量程。

（2）在图 1-3-1 所示电路中，A、D 两节点的电流方程是否相同？为什么？

（3）在图 1-3-1 所示电路中可以列几个电压方程？它们与绕行方向有无关系？

（4）实验中，若用指针万用表直流毫安挡测各支路电流，什么情况下可能出现毫安表指针反偏，应如何处理？在记录数据时应注意什么？若用直流数字毫安表进行测量，则会有什么显示？

实验报告要求

（1）根据表 1-3-2 数据，选定实验电路中的任一个节点，验证基尔霍夫电流定律（KCL）的正确性。

（2）根据表 1-3-3 数据，选定实验电路中的任一个闭合回路，验证基尔霍夫电压定律（KVL）的正确性。

（3）根据表 1-3-4 数据，查找故障原因，总结电路故障检查分析的方法。

（4）回答预习思考题。

实验四　叠加定理和齐次定理研究

实验目的

（1）验证叠加定理和齐次定理的正确性。

（2）加深理解线性电路的叠加性和齐次性，了解其适用范围。

（3）加深对电流、电压参考方向的理解。

实验原理与说明

叠加定理：在线性电路中，当有两个或者两个以上的独立电源共同作用时，任意支路的电流或电压都可以看成是电路中每一个电源单独作用而其他电源不起作用时，在该支路上所产生的各电流分量或电压分量的代数和。

验证叠加定理的具体应用方法是：一个独立电源单独作用，其他独立电源不作用时，理想电压源用短路代替，理想电流源用开路代替；在求电流或电压的代数和时，以原电路中电流或电压的参考方向为准，各独立电源单独作用下的分电流或分电压的参考方向与原电路中的参考方向一致时符号取正，不一致时取负。在图 1-4-1 中有

$$I_1 = I'_1 - I''_1,\ I_2 = -I'_2 + I''_2,\ I_3 = I'_3 + I''_3,\ U = U' + U''$$

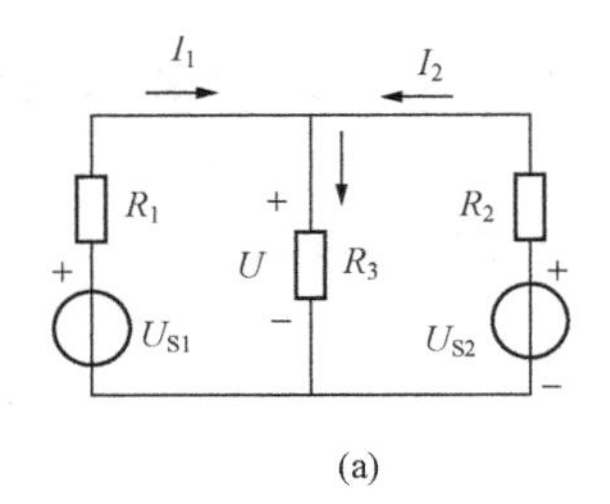

(a)

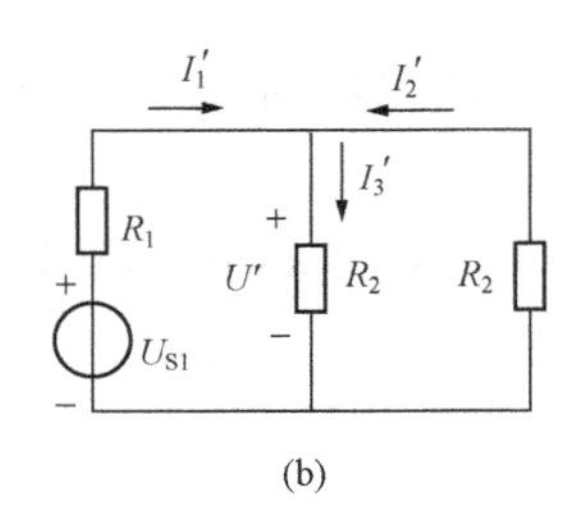

(b)

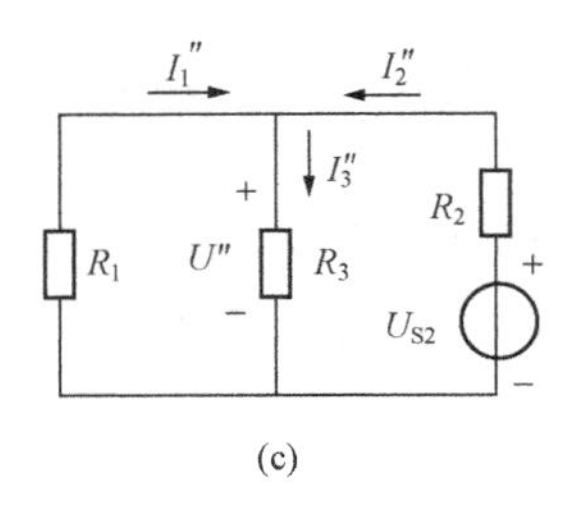

(c)

图 1-4-1　叠加定理

（a）原电路；（b）左边电压源单独供电；（c）右边电压源单独供电

齐性定理：在线性电路中，当只有一个独立电源激励（电源作用）时，电路中任意支路的响应（电流或电压）与独立电源激励成正比。

适用范围：叠加定理只适用于求解线性电路中的电流、电压，不适用于非线性电路。此外，功率计算不能应用叠加定理。

实验设备

实验设备清单如实验表 1-4-1 所示。

表 1-4-1　**实验设备清单**

名称	型号	规格	数量	编号	备注
恒压源		0～30V 可调	2		双路
直流数字电压表		3 位半/20V	1		
直流数字电流表		3 位半/20mA	1		
实验电路板			1		
电流插头			1		
导线			若干		

实验内容

实验电路如图 1-4-2 所示。图中，$R_1 = R_3 = R_4 = 510\Omega$，$R_2 = 1\text{k}\Omega$，$R_5 = 330\Omega$，电源 U_{S1}将恒压源一路的输出电压调到+12V，U_{S2}将恒压源另一路的输出电压调到+6V（均以直流电压表读数为准）。实验前先设定三条支路的电流参考方向（见图 1-4-2 中的 I_1、I_2、I_3），熟悉实验电路板结构，掌握各开关的操作使用方法。本实验要求 S1、S2 开关都置向上状态将恒压源 U_{S1}、U_{S2}接入电路；将开关 S3 向上投向 R_5侧电路为线性电路，若将开关 S3 向下投向二极管 VD 侧电路为非线性电路；故障选择开关置向下电路无故障状态。

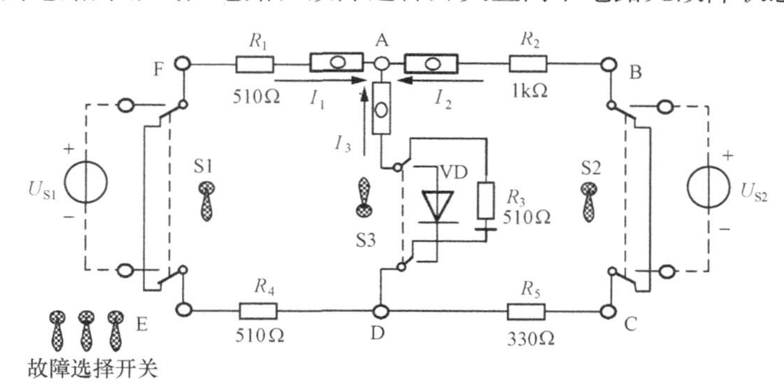

图 1-4-2　叠加定理验证电路

（1）U_{S1}电源单独作用（开关 S1 向上投向 U_{S1}侧，开关 S2 向下投向 BC 短路侧，开关 S3 向上投向 R_3侧）时，测量各支路的电流及各元件的电压，参考方向如图 1-4-2 所示，数据记入表 1-4-2 中。

（2）U_{S2}电源单独作用（开关 S1 向下投向 EF 短路侧，开关 S2 向上投向 U_{S2}侧，开关 S3 向上投向 R_3侧），测量各支路的电流及各元件的电压，参考方向如图 1-4-2 所示，数据记入表 1-4-2 中。

（3）U_{S1}和 U_{S2}共同作用时（开关 S1 和 S2 分别向上投向 U_{S1}和 U_{S2}侧，开关 S3 向上投向 R_3侧），测量各支路的电流及各元件的电压，参考方向如实验图 1-4-2 所示，数据记入表 1-

4-2 中。

（4）将 U_{S2} 电源电压值调至 +12V 单独作用（开关 S1 向下投向短路侧，开关 S2 向上投向 U_{S2} 侧，开关 S3 向上投向 R_3 侧），测量各支路的电流及各元件的电压，参考方向如图 1-4-2 所示，数据入表 1-4-2 中。

表 1-4-2　　线性电路测量数据

实验内容＼测量项目	U_{S1} (V)	U_{S2} (V)	I_1 (mA)	I_2 (mA)	I_3 (mA)	U_{AB} (V)	U_{CD} (V)	U_{AD} (V)	U_{DE} (V)	U_{FA} (V)
U_{S1}单独作用	12	0								
U_{S2}单独作用	0	6								
U_{S1}、U_{S2}共同作用	12	6								
U_{S2}单独作用	0	12								

（5）将开关 S_3 向下投向二极管 VD 侧，即将电阻 R_3 换成一只二极管 1N4007，重复上述（1）～（4）步骤，并将测得的数据记入表 1-4-3 中。

表 1-4-3　　非线性电路测量数据

实验内容＼测量项目	U_{S1} (V)	U_{S2} (V)	I_1 (mA)	I_2 (mA)	I_3 (mA)	U_{AB} (V)	U_{CD} (V)	U_{AD} (V)	U_{DE} (V)	U_{FA} (V)
U_{S1}单独作用	12	0								
U_{S2}单独作用	0	6								
U_{S1}、U_{S2}共同作用	12	6								
U_{S2}单独作用	0	12								

实验注意事项

（1）实验中恒压源 U_{S1} 和 U_{S2} 的电压值应用电压表校准，以电压表测量的读数为准，恒压源表盘指示值为参考。

（2）用电流插头测量各支路电流时，应注意仪表的极性及数据表格中“+”“−”号的记录。

（3）电源单独作用时，不作用的电压源应先从电路中去掉，然后将该支路短接，而不能直接将电压源短路；不作用的电流源应从电路中去掉，并使该支路开路。

预习思考题

（1）应用叠加定理分析问题时，不作用的电压源和电流源如何处理？实验中的电压源可否直接短接？为什么？

（2）实验电路中，若将一个电阻元件改为二极管，试问叠加性与齐次性还成立吗？为什么？

(3) 根据图 1-4-2 实验电路，当 $U_{S1}=U_{S2}=12V$ 时，用叠加定理计算各支路电流和各电阻元件两端电压。

实验报告要求

(1) 根据表 1-4-2 的实验数据，验证线性电路的叠加性，如有误差，解释误差产生的原因。

(2) 用表 1-4-2 的实验数据计算各电阻元件所消耗的功率，说明功率能否用叠加定理计算，为什么？并通过计算加以说明。

(3) 根据表 1-4-3 实验数据，说明叠加定理是否适用非线性电路，总结叠加定理的适用范围。

(4) 回答预习思考题。

实验五　电压源、电流源及其等效变换的研究

实验目的

(1) 掌握电压源和电流源模型的建立方法。

(2) 掌握电压源和电流源外特性的测试方法，加深对电源外特性的理解。

(3) 验证电压源和电流源互相进行等效变换的条件。

实验原理与说明

1. 理想电压源和理想电流源

理想电压源具有端电压保持恒定不变，而输出电流的大小由负载决定的特性，其电路符号如图 1-5-1 (a) 所示。其伏安特性（即外特性），即端电压 U 与输出电流 I 的关系 $U=f(I)$ 是一条平行于 I 轴的直线，如图 1-5-1 (b) 所示。

直流理想电流源具有输出电流保持恒定不变，而端电压的大小由负载决定的特性，其电路符号如图 1-5-2 (a) 所示。其伏安特性，即输出电流 I 与端电压 U 的关系 $I=f(U)$ 是一条平行于 U 轴的直线，如图 1-5-2 (b) 所示。

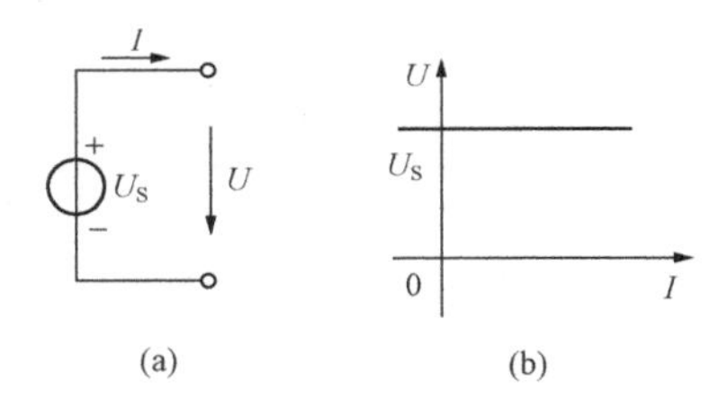

图 1-5-1　理想电压源及其伏安特性

(a) 电路符号；(b) 伏安特性

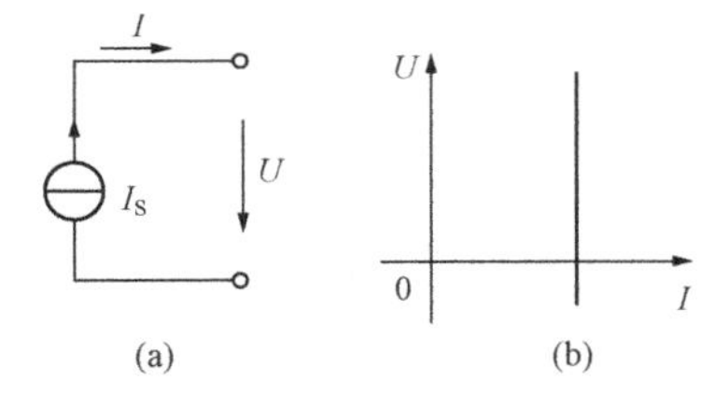

图 1-5-2　理想电流源及其伏安特性

(a) 电路符号；(b) 伏安特性

2. 实际电压源和实际电流源

理想电源在实际中是不存在的，任何电源内部都存在一定的内电阻，通常称为内阻。

实际电压源模型可以用一个理想电压源 U_S 和电阻 R_S 串联表示，如图 1-5-3 (a) 所示。其端电压 U 随输出电流 I 增大而降低，如图 1-5-3 (b) 所示。在实验中，可以用一个小阻值的电阻与电压源相串联来模拟一个实际电压源。

实际电流源模型可以用一个理想电流源 I_S 和电阻 R_S 并联表示，如图 1-5-4 (a) 所示。其输出电流 I 随端电压 U 增大而减小，如图 1-5-4 (b) 所示。在实验中，可以用一个大阻值的电阻与恒流源相并联来模拟一个实际电流源。

3. 实际电压源和实际电流源的等效互换

实际电压源和实际电流源都是通过它们的两个端钮和外电路相联的，都可以看成是二端

网络，其端钮上的伏安关系分别用 $U=U_S-R_SI$ 和 $I=I_S-G_SU$ 来表示。若它们向同样大小的负载供出同样大小的电流和端电压，则称这两个电源是等效的。两个网络对外电路等效，是指它们具有相同的伏安关系。

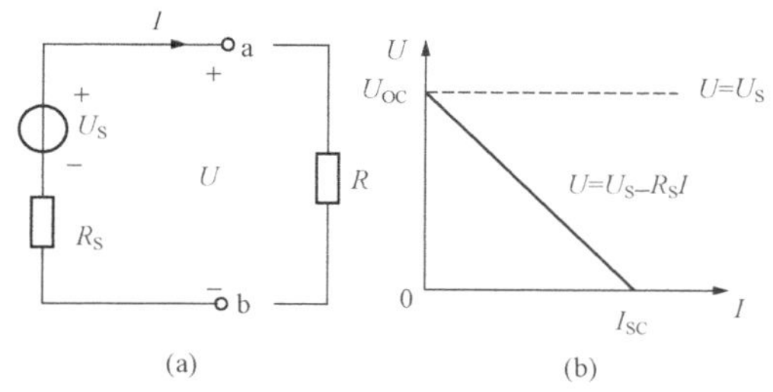

图 1-5-3　实际电压源模型及伏安特性
（a）电路图；（b）伏安特性

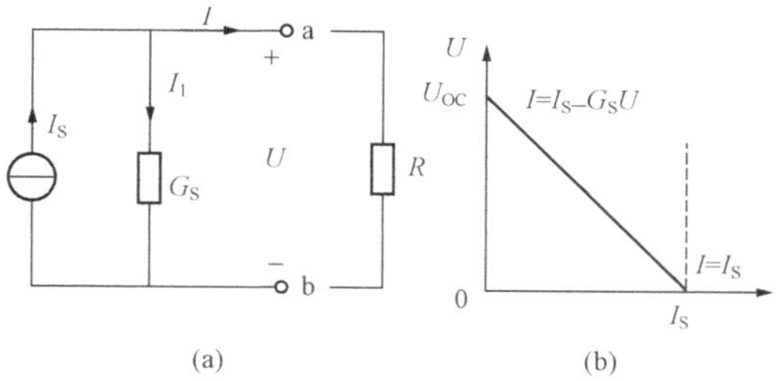

图 1-5-4　实际电流源模型及伏安特性
（a）电路图；（b）伏安特性

实际电压源与实际电流源等效变换的条件为：

（1）选取实际电压源和实际电流源的内阻均为 R_S。

（2）已知实际电压源的参数为 U_S 和 R_S，则实际电流源的参数为 $I_S=\dfrac{U_S}{R_S}$ 和 R_S；若已知实际电流源的参数为 I_S 和 R_S，则实际电压源的参数为 $U_S=I_SR_S$ 和 R_S。

实验设备

实验设备清单见表 1-5-1 所示。

表 1-5-1　实验设备清单

名称	型号	规格	数量	编号	备注
恒压源		0～30V 可调	1		
恒源流		0～500mA 可调	1		
直流数字电压表		3 位半/20V	1		
直流数字电流表		3 位半/20mA	1		
固定电阻、电位器			若干		
导线			若干		

实验内容

1. 测定电压源（恒压源）与实际电压源的外特性

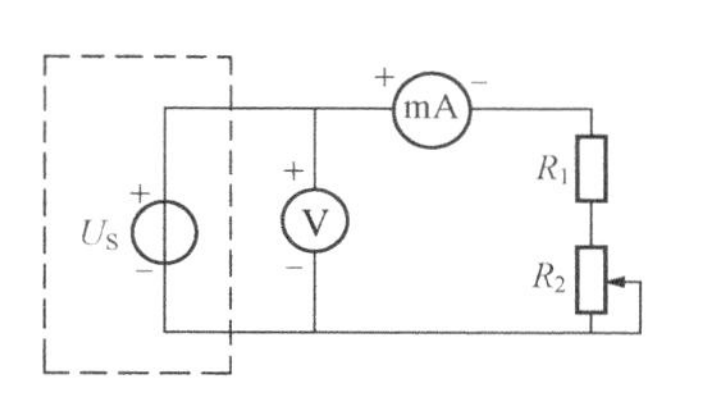

图 1-5-5　电压源外特性测量电路

实验电路如图 1-5-5 所示。图中的电源 U_S 将恒压源一路的输出电压调到+6V（以直流电压表读数为准），R_1 为限流电阻取 200Ω 的固定电阻，R_2 取 1kΩ 的电位器。调节电位器 R_2 的阻值，使负载电流从零开始缓慢增加到 18mA，逐点测量对应的电压和电流数据，并记入表 1-5-2 中。

表 1-5-2　　电压源外特性测量数据

I (mA)	0	6	8	12	14	16	18
U (V)							

2. 将图 1-5-5 电路中的电压源改成实际电压源

如图 1-5-6 所示，U_S为恒压源，将其输出电压调节到＋6V（以直流电压表读数为准），内阻R_S取 51Ω 的固定电阻。调节 1kΩ 的电位器R_2阻值由大至小变化，使负载电流从零开始缓慢增加到 18mA，逐点测量对应的电压和电流数据，并记入表 1-5-3 中。

表 1-5-3　　实际电压源外特性测量数据

I (mA)	0	6	8	12	14	16	18
U (V)							

3. 测定电流源（恒流源）与实际电流源的外特性

按图 1-5-7 接线。图中I_S为恒流源，调节其输出为 5mA（以毫安表测量为准）。R_2取 1kΩ 的电位器。在R_S分别为∞（即开路状态）和 1kΩ 两种情况下，调节电位器R_2阻值，使负载电压从零开始缓慢增加，逐点测量对应的电压和电流数据，并记入表 1-5-4 和表 1-5-5 中。

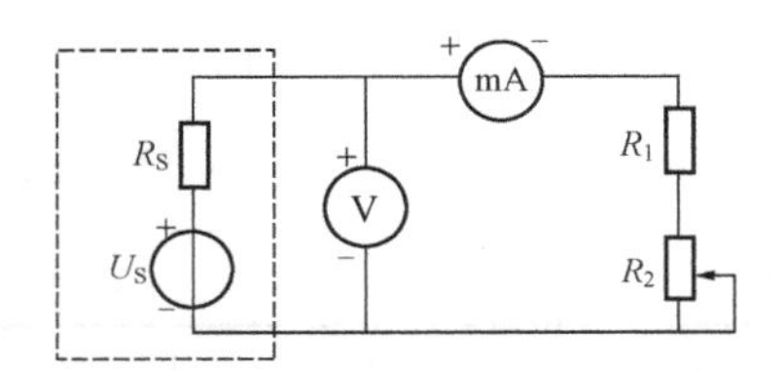

图 1-5-6　实际电压源外特性测量电路

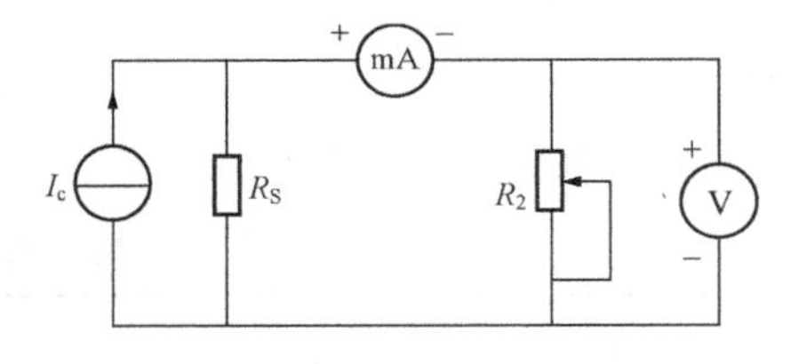

图 1-5-7　实际电流源外特性测量电路

表 1-5-4　　电流源（R_S=∞）外特性测量数据

U (V)	0	0.5	1.0	1.5	2.0	3.0	4.0
I (mA)							

表 1-5-5　　实际电流源（R_S=1kΩ）外特性测量数据

U (V)	0	0.4	0.8	1.2	1.6	2.0	2.4
I (mA)							

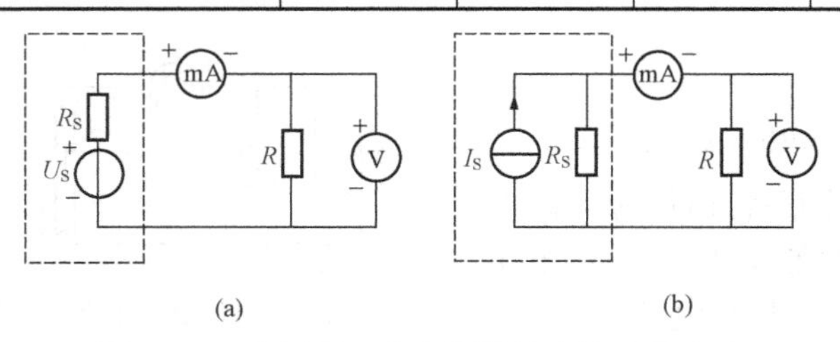

图 1-5-8　电压源、电流源等效变换流量电路

4. 研究电源等效变换的条件

按图 1-5-8 电路接线，其中图 1-5-8（a）、（b）图中的内阻R_S均为 510Ω/8W，负载电阻R均取 1kΩ 的固定电阻。在图 1-5-8（a）电路中，电源U_S用恒压源输出调到＋6V（以直流电压表读数为准），

记录电流表、电压表的读数于表 1-5-6 中。然后按图 1-5-8（b）所示用恒流源调出电路中 I_S，令电流表、电压表的读数与图 1-5-8（a）的读数相等，记录 I_S之值，将实验数据记入表 1-5-6 中，验证等效换条件的正确性。

表 1-5-6　　电源等效变换测量数据

测量项目 / 实验内容	U（V）	I（mA）	U_S（V）	I_S（mA）	I_S 计算值（mA）
电压源			6		
等效电流源					

实验注意事项

（1）在测电压源外特性时，注意测空载（$I=0$）时的电压值；测电流源外特性时，注意记测短路（$U=0$）时的电流值。此外，恒流源负载电压不可超过 10V。

（2）注意恒压源、恒流源和电位器的正确使用。

（3）用直流电压表和直流电流表时应注意仪表量程，不要超量程。

预习思考题

（1）恒压源的输出端为什么不允许短路？电流源的输出端为什么不允许开路？

（2）说明电压源和电流源的特性，其输出是否在任何负载下都能保持恒定值？

（3）实际电压源与实际电流源的外特性为什么呈下降变化趋势，下降的快慢受哪个参数影响？

（4）实际电压源与实际电流源等效变换的条件是什么？所谓“等效”是对哪部分电路而言？电压源与电流源能否等效变换？

实验报告要求

（1）根据实验测量数据绘出电源的四条外特性，并总结、归纳两类电源的特性。

（2）从实验结果验证电源等效变换的条件。

（3）回答预习思考题。

实验六　戴维南定理与诺顿定理验证

实验目的

（1）验证戴维南定理、诺顿定理的正确性，加深对定理的理解。

（2）掌握线性有源二端网络等效参数测量的一般方法。

实验原理与说明

1. 戴维南定理和诺顿定理

戴维南定理：任何一个线性有源二端网络，可以用一个电压源 U_S 和一个电阻 R_S 串联组合等效置换，此电压源 U_S 等于这个线性有源二端网络的开路电压 U_{OC}，内阻 R_S 等于该网络中所有独立电源均置零（即电压源位置用短路代替，电流源位置用开路代替）后的等效电阻 R_O。

诺顿定理：任何一个线性有源二端网络，总可以用一个电流源 I_S 和一个电阻 R_S 并联组合等效置换，其中，电流源 I_S 等于这个线性有源二端网络的短路电流 I_{SC}，内阻 R_S 等于该网络中所有独立电源均置零（即电压源位置用短路代替，电流源位置用开路代替）后的等效电阻 R_0。

U_S、R_S 和 I_S、R_S 称为线性有源二端网络的等效参数。戴维南定理和诺顿定理电路如图 1-6-1 所示。

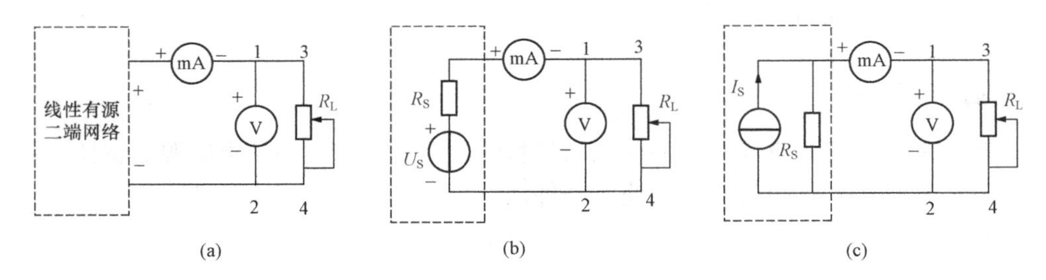

图 1-6-1　戴维南定理和诺顿定理电路

（a）线性有源二端网络；（b）戴维南定理；（c）诺顿定理

2. 线性有源二端网络等效参数的测量方法

（1）开路电压 U_{OC} 的测量方法。

1）直测法。直测法是用高内阻直流电压表直接测量线性有源二端网络端口的电压 U_{OC}。但在等效电阻较大的情况下用电压表直接测量会造成较大的误差。

2）零示法。零示法测量电路如图 1-6-2 所示。其测量原理是用一低内阻的电压源与被测线性有源二端网络进行比较，当电压源的输出电压与线性有源二端网络的开路电压相等时，电压表的读数将为“0”；然后将电路断开，测量此时电压源的输出电压 U，即为被测线性有源二端网络的开路电压。在测量具有高内阻线性有源二端网络的开路电压时，往往采用零示法。

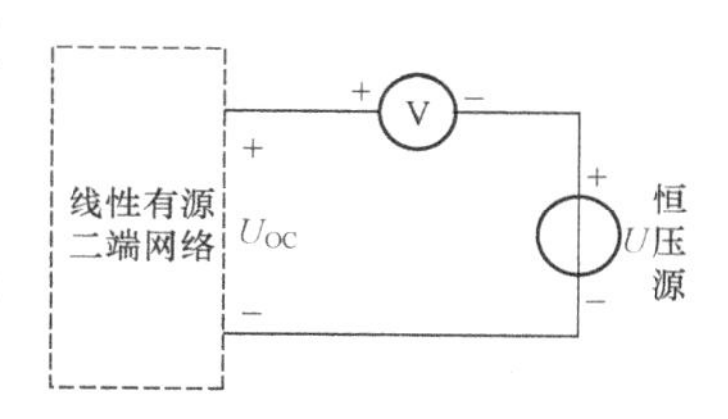

图 1-6-2　零示法测开路电压

（2）等效电阻 R_0 的测量方法。

1）直测法。将线性有源二端网络中所有独立电源均置零（即电压源位置用短路代替，电流源位置用开路代替），然后用万用表欧姆挡直接测量出电阻网络的等效电阻 R_0。若线性有源二端网络的内部电路结构未知则不能用此法。

2）开路短路法。分别测量线性有源二端网络输出端的开路电压 U_{OC} 和短路电流 I_{SC}，则等效电阻为 $R_S=\dfrac{U_{OC}}{I_{SC}}$。若线性有源二端网络的内阻值很低时，则不宜测其短路电流。

3）伏安法。将线性有源二端网络中所有独立电源均置零（即电压源位置用短路代替，电流源位置用开路代替），在此时的无源二端网络端口外接电压源，分别测出端口电压 U 和电流 I，则 $R_0=\dfrac{U}{I}$。

实验设备

实验设备清单见表 1-6-1。

表 1-6-1　实验设备清单

名称	型号	规格	数量	编号	备注
恒压源		0～30V 可调	2		双路
恒源流		0～100mA 可调	1		
直流数字电压表		3 位半/20V	1		
直流数字电流表		3 位半/20mA	1		
实验电路板			1		
固定电阻、电位器			若干		
电流插头			1		
导线			若干		

实验内容

1. 开路短路法测量有源二端网络的等效参数

图 1-6-3 所示电路外接电压源 $U_S=12V$ 和恒流源 $I_S=10mA$。先断开 R_L（即开关 S2 向右处于断开状态），将开关 S1 向上，测开路电压 U_{OC}；再将开关 S1 向下置，使 AB 短接测短路电流 Isc，计算出 $R_O=U_{OC}/Isc$，填入表 1-6-2 中。

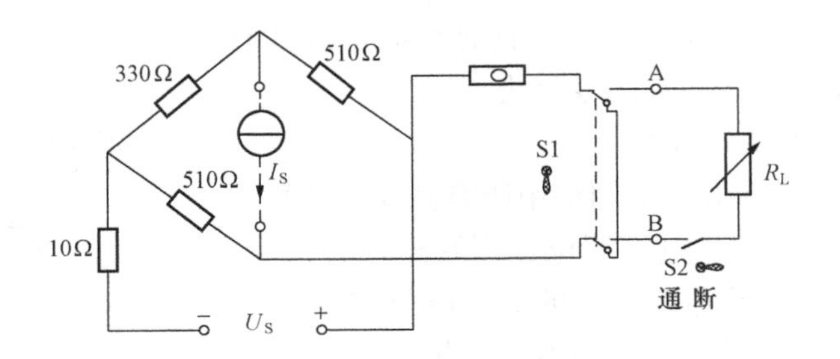

图 1-6-3　线性有源二端网络实验电路

表 1-6-2　　开路短路法测等效参数的测量数据

U_{OC}（V）	I_{SC}（mA）	$R_0=U_{OC}/I_{SC}$（Ω）

2. 测量线性有源二端网络的伏安特性

在实验图 1-6-3 所示电路 AB 端外接电阻 R_L（且开关 S2 向右处于断开状态），改变负载电阻 R_L的阻值见表 1-6-3，测出对应的电压、电流值，将测量数据记入表 1-6-3 中。

表 1-6-3　　线性有源二端网络的伏安特性测量数据

R_L（Ω）	0	51	100	200	300	510	1000	2000	5.1k	10k	∞
U（V）											
I（mA）											

3. 验证戴维南定理

图 1-6-1（b）所示电路为图 1-6-1（a）的戴维南等效电路。图中的 U_S用电压源准确调整到表 1-6-2 中 U_{OC}（以电压表指示为准）的数值，等效电阻 R_S用电阻箱按表 1-6-2 中计算出来的 R_0（精确到个位）准确调出。按表 1-6-4 所列数值改变负载电阻 R_L的阻值，测出对应的电压、电流值，将测量数据记入表 1-6-4 中。

表 1-6-4　　戴维南等效电路的外特性测量数据

R_L（Ω）	0	51	100	200	300	510	1000	2000	5.1k	10k	∞
U（V）											
I（mA）											

4. 验证诺顿定理

图 1-6-1（c）所示电路是图 1-6-1（a）的诺顿等效电路。图中 I_S用恒流源准确调整到表 1-6-2 中的 I_{SC}（以电流表指示为准）的数值，等效电阻 R_S用电阻箱按表 1-6-2 中计算出来的 R_0（精确到个位）准确调出。按表 1-6-5 所列数值改变负载电阻箱 R_L的阻值，测出对应的电压、电流值，将测量数据记入表 1-6-5 中。

表 1-6-5　诺顿等效电路的外特性测量数据

R_L (Ω)	0	51	100	200	300	510	1000	2000	5.1k	10k	∞
U (V)											
I (mA)											

实验注意事项

（1）注意等效电路连接时，电压源、电流源一定要用测量仪表校准。

（2）改接线路时，要先拆测量仪表再拆其他线路，否则仪表可能因超量而鸣叫报警。

预习思考题

（1）如何测量线性有源二端网络的开路电压和短路电流，在什么情况下不能直接测量开路电压和短路电流?

（2）说明测量线性有源二端网络开路电压及等效内阻的几种方法，并比较其优缺点。

实验报告要求

（1）根据表 1-6-2 的测量数据，计算线性有源二端网络的等效电阻 R_0，确定线性有源二端网络的等效参数。

（2）根据表 1-6-3 和表 1-6-4 的测量数据，在同一坐标纸上绘出线性有源二端网络和等效电路的伏安特性曲线，验证戴维南定理的正确性，分析产生误差的原因，说明戴维南定理应用场合。

（3）根据表 1-6-3 和表 1-6-5 的测量数据，在同一坐标纸上绘出线性有源二端网络和等效电路的伏安特性曲线，验证诺顿定理的正确性，分析产生误差的原因，说明诺顿定理应用场合。

（4）回答预习思考题。

实验七　直流无源二端口网络的研究

实验目的

（1）加深对二端口网络基本理论的理解。

（2）学习直流无源二端口网络传输参数的测量方法。

（3）验证二端口网络等效电路的等效性。

实验原理与说明

1. 二端口网络

当一个网络有四个引出端时，称为四端网络。四端网络中的四个电流可以是独立的，因此四端网络不一定构成二端口网络。在任何瞬间，每一个端口两个端钮的电流量值相等，并且电流从一个端钮流入而从另一个端钮流出，这称为端口条件。四端网络只有满足端口条件时才称为二端口网络（双口网络）。

任一无源二端口网络（见图 1-7-1）的外特性都可通过其两个端口（即输入和输出）处的电压 U_1、U_2 与电流 I_1、I_2 之间的相互关系来表征。U_1、U_2 和 I_1、I_2 这四个变量中，可以取两个作为自变量，另外两个作为因变量，通过不同组合可以得到六种网络参数，常用的有导纳参数 Y、阻抗参数 Z、传输参数 T 和混合参数 H。

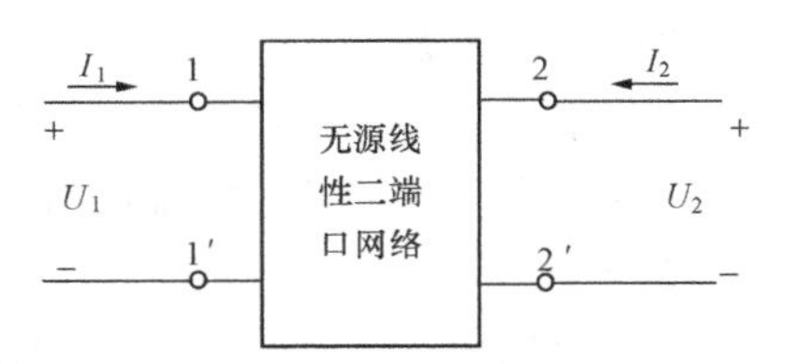

图 1-7-1　无源线性二端口网络

工程中常需求出二端口网络输入端口电压 U_1、电流 I_1 与输出端口电压 U_2、电流 I_2 之间的关系，所列的方程称为二端口网络的传输方程（或称 T 参数方程）。如图 1-7-1 所示的无源线性二端口网络的传输参数方程为

$$\begin{cases} U_1 = AU_2 + B(-I_2) \\ I_1 = CU_2 + D(-I_2) \end{cases}$$

式中：A，B，C，D 为二端口网络传输参数或 T 参数，这四个参数仅由网络的拓扑结构及元件的参数所决定，而与外加激励无关，表征了该二端口网络的基本特性。

上面是以直流电路为例介绍的，交流电路中的电压、电流变量采用相量形式即可。

2. 直流二端口网络传输参数的测试方法

二端口网络的各种参数都可以按参数的定义式进行测量得出，但是考虑到测量的方便和可行性，工程上通常采用先测出网络的传输参数，再根据参数之间的相互转换关系求出其他参数，但对于一个二端口网络并不一定同时存在所有参数。

（1）双端口同时测量法。如图 1-7-1 所示，在网络的输入口 1-1′加上直流电压，输出端口 2-2′开路和短路，在两个端口同时测量其电压和电流，即可由传输方程求得传输参数 A、B、C、D：

$A=\dfrac{U_{10}}{U_{20}}$，为输出端口 2-2′开路（即 $I_2=0$）时两端口电压之比，称为转移电压比；

$B=\dfrac{U_{1S}}{-I_{2S}}$，为输出端口 2-2′短路（即 $U_2=0$）时的转移电阻；

$C=\dfrac{I_{10}}{U_{20}}$，为输出端口 2-2′开路（即 $I_2=0$）时的转移电导；

$D=\dfrac{I_{1S}}{-I_{2S}}$，为输出端口 2-2′短路（即 $U_2=0$）时两端口电流之比，称为转移电流比。

（2）双端口分别测量法。如图 1-7-1 所示，先在网络的输入口 1-1′加上直流电压，而将输出端口 2-2′开路和短路，测量输入口的电压和电流，即可求得以下参数：

$R_{10}=\dfrac{U_{10}}{I_{10}}$，为输出端口 2-2′开路（即 $I_2=0$）时 1-1′端口的等效输入电阻；

$R_{1S}=\dfrac{U_{1S}}{I_{1S}}$，为输出端口 2-2′短路（即 $U_2=0$）时 1-1′端口的等效输入电阻。

然后在输出口 2-2′加直流电压，而将输入端口 1-1′开路和短路，测量输出口的电压和电流，即可求得以下参数：

$R_{20}=\dfrac{U_{20}}{I_{20}}$，为输入端口 1-1′开路（即 $I_1=0$）时 2-2′端口的等效输入电阻；

$R_{2S}=\dfrac{U_{2S}}{I_{2S}}$，为输入端口 1-1′短路（即 $U_1=0$）时 2-2′端口的等效输入电阻。

由传输参数与阻抗参数和导纳参数的关系可知

$$R_{10}=\frac{A}{C},\ R_{1S}=\frac{B}{D},\ R_{20}=\frac{D}{C},\ R_{2S}=\frac{B}{A}$$

这四个参数中有三个是独立的，只要测量出其中任意三个参数（如 R_{10}、R_{20}、R_{2S}）与方程 $AD-BC=1$（二端口网络为互易双口，该方程成立）联立，便可求出四个传输参数 A、B、C、D：

$A=\sqrt{R_{10}/(R_{20}-R_{2S})}, B=R_{2S}A, C=A/R_{10}, D=R_{20}C$ 。

3. 二端口网络的 Π 型等效电路和 T 型等效电路

互易二端口网络满足关系式 $AD-BC=1$，所以其四个参数中只有三个是独立的，其外特性可用三个参数表征。若由三个阻抗（或导纳）组成的简单的二端口网络，其参数与给定的互易二端口网络参数分别相等，则它们是等效的，得到的等效电路有 Π 型等效电路（即三角形网络）和 T 等效型电路（即星形网络）两种形式。

如图 1-7-2 所示的 Π 型等效电路，如果测出（或给定）二端口网络的传输参数，则

$$G_1=\frac{D-1}{B}, G_2=\frac{A-1}{B}, G_3=\frac{1}{B}$$

如图 1-7-3 所示的 T 型等效电路，如果测出（或给定）二端口网络的传输参数，则

$$R_1=\frac{A-1}{C}, R_2=\frac{D-1}{C}, R_3=\frac{1}{C}$$

若为交流电路，则等效电路由阻抗元件组成。

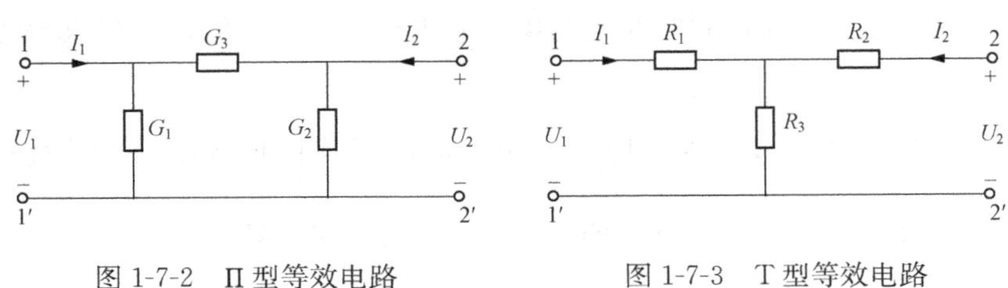

图 1-7-2 Π 型等效电路　　　　图 1-7-3 T 型等效电路

4. 二端口网络的级联

工程上常将几个二端口网络互联使用，其中两个二端口网络的级联是常见的一种双口互联方式。两个二端口网络级联时，应将一个二端口网络的输出端与另一个二端口网络的输入端连接。其中每个二端口网络的传输参数可用上述方法测得。根据二端口网络理论可推得：二端口网络 1 与二端口网络 2 级联后等效的二端口网络的传输参数 T 与网络 1 的传输参数 T_1 和网络 2 的传输参数 T_2 之间有如下的关系：

$$A = A_1A_2 + B_1C_2$$
$$B = A_1B_2 + B_1D_2$$
$$C = C_1A_2 - D_1C_2$$
$$D = C_1B_2 + D_1D_2$$

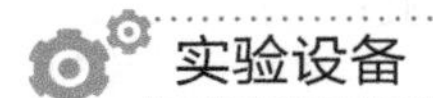

实验设备

实验设备清单见表 1-7-1。

表 1-7-1　　实验设备清单

名称	型号	规格	数量	编号	备注
电压源		0～30V 可调	1		
直流数字电压表		3 位半/20V	1		
直流数字电流表		3 位半/20mA	1		
二端口网络实验板			1		
导线			若干		

实验内容

无源线性二端口网络实验板上电路如实验图 1-7-4（a）、（b）所示，其中图（a）为 T 型网络，图（b）为 Π 型网络。将电压源的输出电压值调到 10V，作为二端口网络的输入电压 U_1。

1. 用“双端口同时测量法”测定二端口网络传输参数

根据“双端口同时测量法”的原理和方法，按照表 1-7-2 和表 1-7-3 的内容，分别测量 T 型网络和 Π 型网络的电压、电流，并计算出传输参数 A_T、B_T、C_T、D_T和 A_Π、B_Π、C_Π、D_Π，将所有测量数据分别记入表 1-7-2 和表 1-7-3 中。

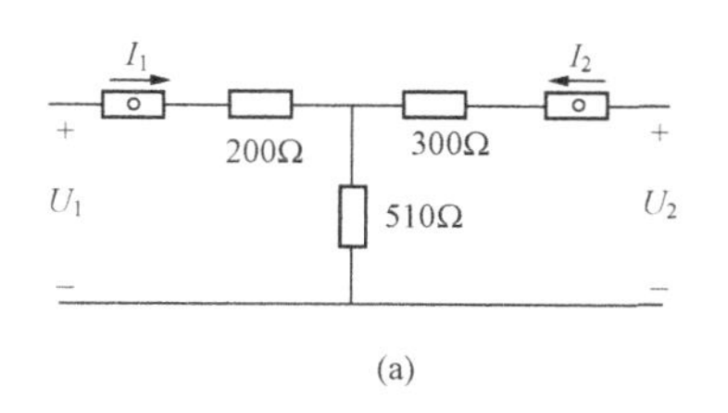

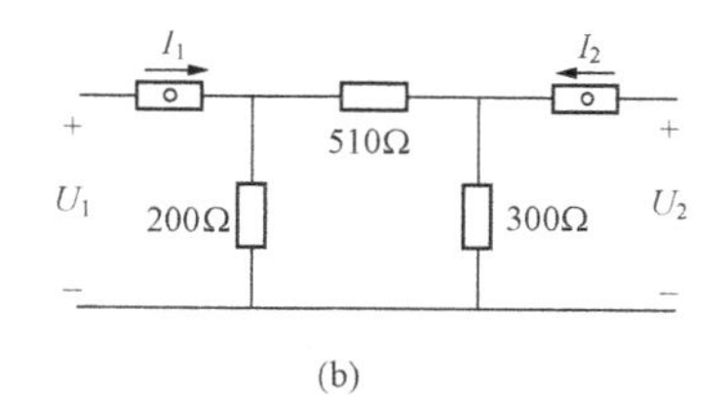

图 1-7-4　双口网络实验电路

（a）T 型网络；（b）Π 型网络

表 1-7-2　　T 型网络传输参数的实验数据

		测　量　值			传输参数计算值	
T 型网络	输出端开路 $I_2=0$	U_{10}（V）	U_{20}（V）	I_{10}（mA）	A_T	C_T
	输出端短路 $U_2=0$	U_{1S}（V）	I_{1S}（mA）	I_{2S}（mA）	B_T	D_T

表 1-7-3　　Π 型网络传输参数的实验数据

		测　量　值			传输参数计算值	
Π 型网络	输出端开路 $I_2=0$	U_{10}（V）	U_{20}（V）	I_{10}（mA）	A_{Π}	C_{Π}
	输出端短路 $U_2=0$	U_{1S}（V）	I_{1S}（mA）	I_{2S}（mA）	B_{Π}	D_{Π}

2. 用“双端口分别测量法”测定级联二端口网络传输参数

将图 1-7-4 所示 T 型网络的输出端口和 Π 型网络的输入端口连接，组成级联二端口网络。根据“双端口分别测量法”的原理和方法，按照表 1-7-4 的内容，分别测量级联二端口网络输入端口和输出端口的电压、电流，并计算出等效输入电阻和电导及传输参数 A、B、C、D，将所有测量数据记入表 1-7-4 中。

表 1-7-4　　级联二端口网络传输参数的实验数据

输出端开路 $I_2=0$		等效输入电阻	输出端短路 $U_2=0$		等效输入电阻	传输参数计算值	
U_{10}（V）	I_{10}（mA）	R_{10}	U_{1S}（V）	I_{1S}（mA）	R_{1S}	A	C
输入端开路 $I_1=0$			输入端短路 $U_1=0$				
U_{20}（V）	I_{20}（mA）	R_{20}	U_{2S}（V）	I_{2S}（mA）	R_{2S}	B	D

实验注意事项

（1）测量电路参数，注意电流表量程的选取。

（2）双口网络的测量在开路、短路参数方面比较繁琐，注意与公式相配合，正确设置开路和短路。

预习思考题

（1）二端口网络的参数有哪些？它们之间的关系如何？

（2）二端口网络的参数与外加电压和电流是否有关系？为什么？

（3）讨论二端口网络“同时测量法”与“分别测量法”的优缺点及适用场合。

（4）由两个二端口网络组成的级联二端口网络的传输参数如何测定？

（5）根据图 1-7-3 给出两个二端口网络的电导值和电阻值，从理论上分别计算出其的传输参数。

实验报告要求

（1）根据表 1-7-2～表 1-7-3 的测量数据，计算出各个二端口网络的传输参数，与理论计算进行比较，并写出各个二端口网络的传输方程。

（2）验证级联二端口网络的传输参数与级联的两个二端口网络传输参数之间的关系。

（3）回答预习思考题。

实验八　一阶电路暂态过程的研究

实验目的

（1）研究 RC 一阶电路的零输入响应、零状态响应和全响应的规律和特点。

（2）学习一阶电路时间常数的测量方法，了解电路参数对时间常数的影响。

（3）掌握微分电路和积分电路的基本概念。

实验原理与说明

1. RC 一阶电路的零状态响应

RC 一阶电路如图 1-8-1 所示，开关 S 在“1”的位置，$u_C=0$，处于零状态；当开关 S 合向“2”的位置时，电源通过 R 向电容 C 充电，u_C（t）称为零状态响应。其表达式为

$$u_c = U_S - U_S e^{-\frac{t}{\tau}}$$

其变化曲线如图 1-8-2 所示。当 u_C 上升到 $0.632U_S$ 所需要的时间称为时间常数 τ，$\tau = RC$ 。

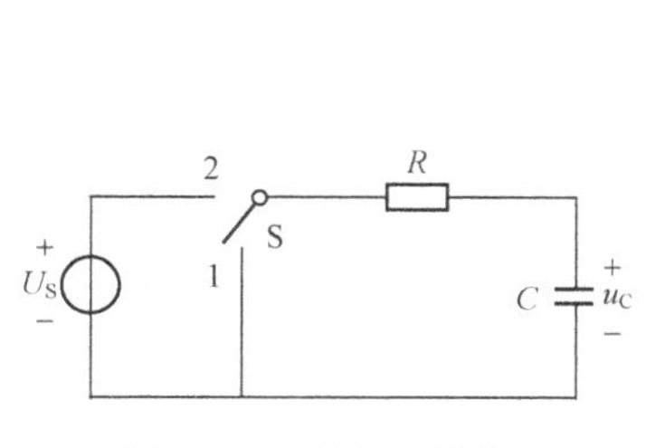

图 1-8-1　RC 一阶电路

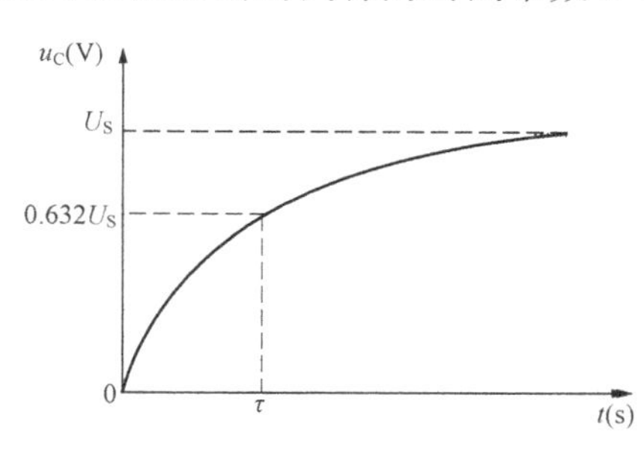

图 1-8-2　$u_C(t)$ 零状态响应曲线

2. RC 一阶电路的零输入响应

在图 1-8-1 中，开关 S 在“2”的位置电路稳定后，再合向“1”的位置时，电容 C 通过 R 放电，u_C（t）称为零输入响应。其表达式为

$$u_C = U_S e^{-\frac{t}{\tau}}$$

其变化曲线如图 1-8-3 所示，当 u_C 下降到 $0.368U_S$ 所需要的时间称为时间常数 τ，$\tau = RC$ 。

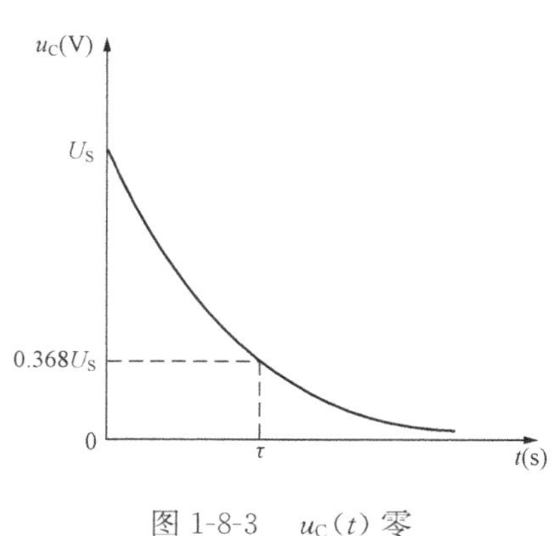

图 1-8-3　$u_C(t)$ 零输入响应曲线

3. 测量 RC 一阶电路时间常数 τ

图 1-8-3 电路的上述暂态过程很难观察，为了用普通示波器观察电路的暂态过程，需采用图 1-8-4 所示的周期性方波 u_S 作为电路的激励信号。方波信号的周期

为 T，只要满足 $\frac{T}{2} \geqslant 5\tau$，便可在示波器的荧光屏上形成稳定的响应波形。

电阻 R、电容 C 串联与方波发生器的输出端连接，用双踪示波电阻 R、电容 C 串联与方波发生器的输出端连器观察电容电压 u_C，便可观察到稳定的指数曲线，如图 1-8-5 所示。在

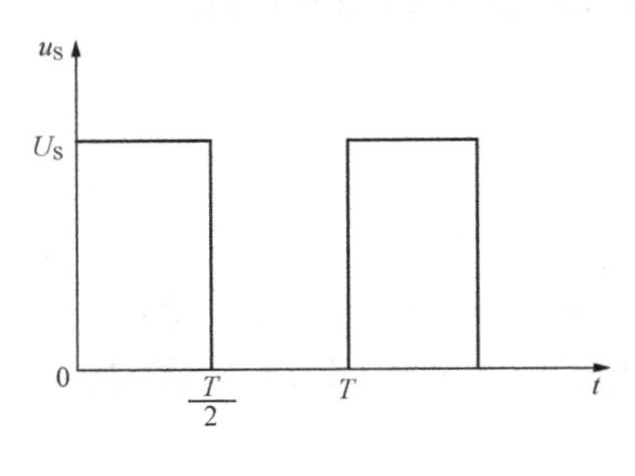

图 1-8-4 方波激励波形

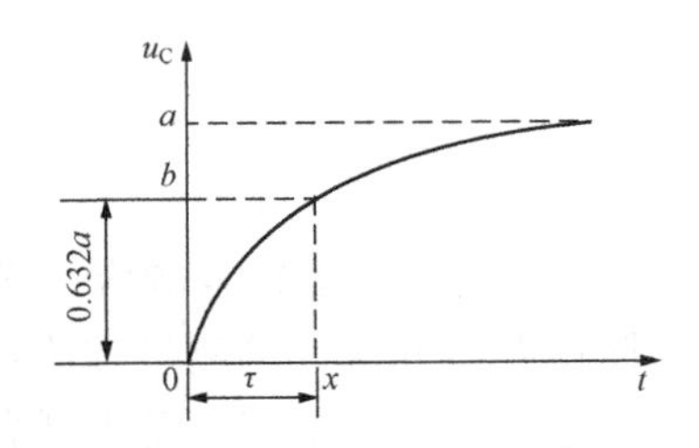

图 1-8-5 $u_C(t)$ 零状态响应曲线

荧光屏上测得电容电压最大值 $U_{Cm} = a(\text{cm})$，取 $b = 0.632a(\text{cm})$，与指数曲线交点对应时间 t 轴的 x 点，则根据时间 t 轴比例尺（扫描时间 $\frac{t}{\text{cm}}$），该电路的时间常数 $\tau = x(\text{cm}) \times \frac{t}{\text{cm}}$。

4. 微分电路和积分电路

在方波信号 u_S 作用在电阻 R、电容 C 串联电路中，当满足电路时间常数 τ 远远小于方波周期 T 的条件时，电阻两端（输出）的电压 u_R 与方波输入信号 u_S 呈微分关系，即 $u_R \approx RC\frac{\mathrm{d}u_S}{\mathrm{d}t}$，该电路称为微分电路。当满足电路时间常数 τ 远远大于方波周期 T 的条件时，电容 C 两端（输出）的电压 u_C 与方波输入信号 u_S 呈积分关系，$u_C \approx \frac{1}{RC}\int u_S \mathrm{d}t$，该电路称为积分电路。

微分电路和积分电路的输出、输入关系如实验图 1-8-6（a）、（b）所示。

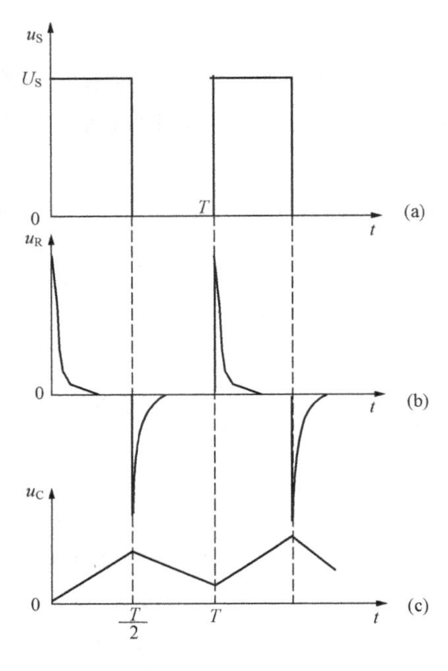

图 1-8-6 微分积分波形

（a）方波；（b）微分输出；（c）积分输出

实验设备

实验设备清单见表 1-8-1。

表 1-8-1 **实验设备清单**

名称	型号	规格	数量	编号	备注
双踪示波器			1		
信号发生器		方波输出	1		

续表

名称	型号	规格	数量	编号	备注
电阻、电容等			若干		
导线			若干		

实验任务

实验电路如图 1-8-7 所示。图中，电阻元件 R、电容元件 C 从实验台面板选取（需看懂线路板的走线，认清激励与响应端口所在的位置，认清 R、C 元件的布局及其标称值，以及各开关的通断位置等），用双踪示波器观察电路激励信号和响应信号。u_S为方波输出信号，调节信号源输出，从示波器上观察，使方波的峰一峰值 $V_{P-P}=2V$，$f=1kHz$。

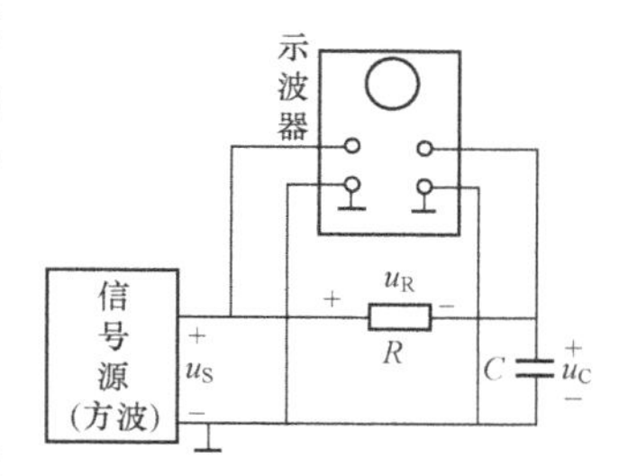

图 1-8-7　实验电路接线

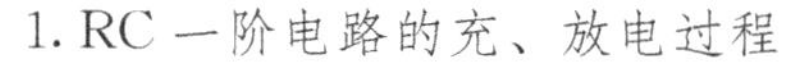
1. RC 一阶电路的充、放电过程

（1）测量时间常数 τ。选择 R、C 元件，令 $R=10k\Omega$，$C=0.01\mu F$，用示波器观察激励信号 u_S与响应信号 u_C的变化规律，测量并记录时间常数 τ。

（2）观察时间常数 τ（即电路参数 R、C）对暂态过程的影响。令 $R=10k\Omega$，$C=0.01\mu F$，观察并描绘响应的波形，持续增大 C（取 0.01～0.1μF）或增大 R（取 10、30kΩ），定性地观察对响应的影响。

2. 微分电路和积分电路

（1）积分电路。选择 R、C 元件，令 $R=90k\Omega$，$C=0.01\mu F$，用示波器观察激励信号 u_S与响应信号 u_C的变化规律。

（2）微分电路。将实验电路中的 R、C 元件位置互换，令 $R=1k\Omega$，$C=0.01\mu F$，用示波器观察激励信号 u_S与响应信号 u_R的变化规律。

实验注意事项

（1）调节电子仪器各旋钮时，动作不要过快。实验前，要熟读双踪示波器的使用说明，特别是在观察双踪波形时，要十分注意开关、旋钮的操作与调节。

（2）信号源的接地端与示波器的接地端要连在一起（称共地），以防外界干扰而影响测量的准确性。

（3）示波器的辉度不应过亮，尤其是显示波形或光点长时间停留在荧光屏上不动时，应将辉度调暗，以延长示波管的使用寿命。

预习思考题

（1）用示波器观察 RC 一阶电路零输入响应和零状态响应时，为什么激励必须是方波信号？

（2）已知 RC 一阶电路的 $R=10k\Omega$，$C=0.01\mu F$，试计算时间常数 τ，并根据 τ 值的物

理意义，拟定测量 τ 的方案。

（3）在 RC 一阶电路中，当 R、C 的大小变化时，对电路的响应有何影响？

（4）何谓积分电路和微分电路，各电路成立的条件是什么？它们在方波信号激励下，输出信号波形的变化规律如何？这两种电路有何功能？

实验报告要求

（1）根据实验 1（1）观测结果，绘出 RC 一阶电路充、放电时 u_C 与激励信号对应的变化曲线，由曲线测得 τ 值，并与参数值的理论计算结果作比较，分析误差原因；

（2）根据实验 2 观测结果，绘出积分电路、微分电路输出信号与输入信号对应的波形；

（3）回答预习思考题（3）、（4）。

实验九　正弦交流电路参数的测定

实验目的

（1）学会用伏安瓦计法（三表法）测量交流电路参数的方法。

（2）学会交流电压表、电流表、功率表及自耦调压器的使用方法。

实验原理与说明

1. 交流电路中常用的实际无源元件

（1）电阻器。当直流电流或低频电流通过电阻器件时，电流在导体截面上的分布是均匀的；但是当频率较高时，交流电流在导体截面的分布不再均匀，会产生趋肤效应，由于趋肤效应，频率越高，电阻越大。

（2）电感器：即通常所说的电感线圈。电感线圈是由导线绕制而成，因而它除了含有一定的电感 L 外，还含有导线的损耗（称电感线圈的损耗电阻 R），电感线圈匝数之间含有电容效应（称电感线圈的分布电容 C）。

在直流情况下，电感线圈等效为一个电阻。在工频情况下，可以忽略电容效应，电感线圈可以等效为理想电阻和理想电感的串联（也可以等效为电阻和电感的并联，但对应的串联参数和并联参数一般不相等），等效电路如图 1-9-1 所示。

（3）电容器。当交流电流通过电容器的时，电容器会产生介质损耗，因而其可以等效为理想电阻与理想电容的串联（也可以等效为电阻和电容的并联，对应的串联参数和并联参数一般不相等），等效电路如图 1-9-2 所示。

图 1-9-1　电感器串联等效电路　　　图 1-9-2　电容器串联等效电路

2. 伏安瓦计法（三表法）交流电路负载参数的测量方法

正弦交流电路中各个元件的参数值，可以用交流电压表、交流电流表及功率表，分别测量出元件两端的电压 U，流过该元件的电流 I 和它所消耗的功率 P，然后通过计算得到所求的各值，这种方法称为伏安瓦计法或三表法，是用来测量低频交流电路参数的基本方法。计算的基本公式如下：

电阻元件的电阻　　$R=\frac{U_R}{I}$　或　$R=\frac{P}{I^2}$

串联电路等效电阻 $R=\frac{P}{I^2}$

串联电路复阻抗的模值 $|Z|=\frac{U}{I}$

等效电抗 $X=\sqrt{|Z|^2-R^2}$

电感元件的等效电感 $L=\frac{X_L}{2\pi f}$

电容元件的等效电容 $C=\frac{1}{2\pi f X_C}$

3. 功率表的使用方法

功率表（或称瓦特表）的接线原则：

(1) 功率表电流接线端应与负载串联，而电压接线端应与负载并联。

(2) 电流接线端和电压接线端“发电机端”（标有 * 号端）方向应接在电源的同一侧。

(3) 功率表的电压量程与电流量程应大于等于电路电压和电流。

遵守功率表接线原则的正确接线方式有两种，如图 1-9-3 所示。

选择功率表量程时应注意，功率表的电压接线端与电流接线端的量程应分别大于或等于线路电压与电流。

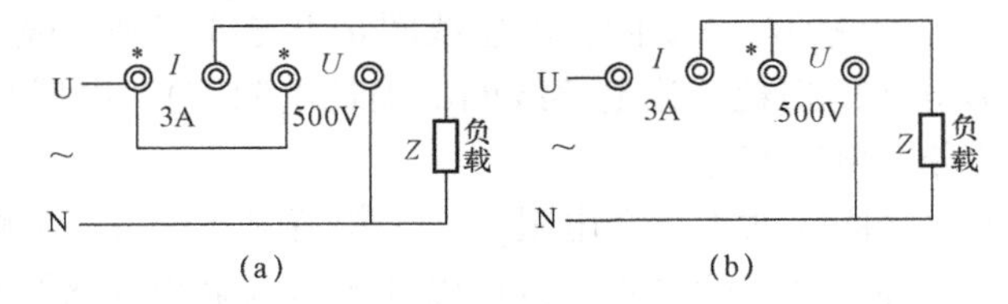

图 1-9-3 功率表接线方式

(a) 电压接线端前接方式；(b) 电压接线端后接方式

实验设备

实验设备清单见表 1-9-1。

表 1-9-1 **实验设备清单**

名称	型号	规格	数量	编号	备注
自耦调压器			1		
交流数字电压表		3 位半/300V	1		
交流数字电流表		3 位半/1A	1		
功率表			1		
白炽灯		220V/25W	2		
镇流器			1		
电容器		4.3μF/2.2μF	2		
导线			若干		

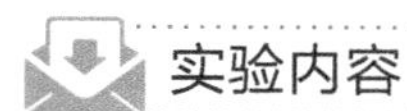

实验内容

本实验中电阻元件采用白炽灯（非线性电阻），电感线圈采用镇流器。由于镇流器线圈的金属导线具有一定电阻，因而镇流器可以由电感和电阻相串联来等效表示。电容器可认为是近似理想的电容元件。

实验电路如图 1-9-4 所示。功率表的连接方法见实验图 1-9-3。交流电源经自耦调压器调压后向负载 Z 供电。

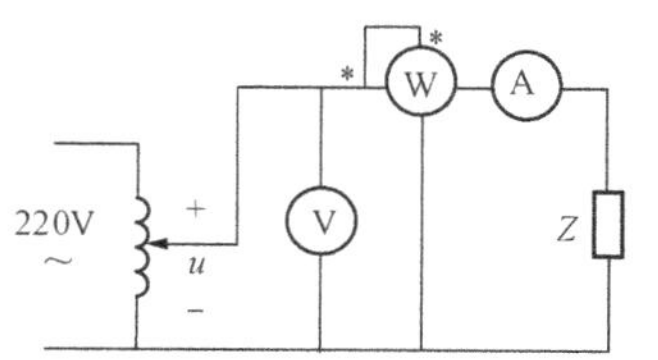

图 1-9-4　三表法测量负载参数电路图

1. 测量白炽灯的电阻（非线性电阻）

图 1-9-4 电路中的 Z 为两盏 220V/25W 白炽灯的并联，调节自耦调压器使输出端电压 U 为 220V，（以交流电压表测量为准），测量电压、电流和功率，记入表 1-9-2 中。然后将自耦调压器使输出端电压 U 调到 110V，重复上述实验。

表 1-9-2　　白炽灯的电阻参数测量数据

测量值 / 电源电压（V）	U（V）	I（A）	P（W）	R（Ω）
220				
110				

2. 测量电容器的电容值

先将图 1-9-4 自耦调压器调到零位，然后将电路中的 Z 换为 4.3μF 的电容器，再将自耦调压器输出端电压 U 调到 180V，测量电压、电流和功率，记入表 1-9-3 中。然后将电容器换为 2.2μF，重复上述实验。

表 1-9-3　　电容器的电容值参数测量数据

测量值 / 电源电压（V）	U（V）	I（A）	P（W）	C（Ω）
180				4.3
180				2.2

3. 测量镇流器的参数

先将图 1-9-4 自耦调压器调到零位，然后将电路中的 Z 换为镇流器，再将自耦调压器输出端电压 U 分别调到 180V 和 90V，测量电压、电流和功率，记入表 1-9-4 中。

表 1-9-4　　镇流器参数测量数据

测量值 / 电源电压（V）	U（V）	I（A）	P（W）	等效 R（Ω）和等效 L（H）
180				
90				

实验注意事项

（1）通常功率表不单独使用，要有电压表和电流表监测，使电压表和电流表的读数不超过功率表电压和电流的量程。注意功率表的正确接线。

（2）自耦调压器在接通电源前，应将其手柄置在零位上，调节时使其输出电压从零开始逐渐升高。每次改接实验负载或实验完毕，都必须先将其旋柄慢慢调回零位，再断电源。必须严格遵守这一安全操作规程。

（3）功率表使用时注意电压接线端和电流接线端不能混淆，严格按照功率表接线要求接入电路。

预习思考题

（1）在 50Hz 的交流电路中，已测得一铁心线圈的 P、I 和 U，如何计算得它的等效电阻值、等效电感值？

（2）了解功率表的连接方法及自耦调压器的操作方法。

实验报告要求

（1）根据表 1-9-2 的实验数据，计算白炽灯在不同电压下的电阻值。

（2）根据表 1-9-4 的实验数据，计算镇流器的串联等效参数（等效电阻 R 和等效电感 L）。

（3）回答预习思考题（1）。

实验十 功率因数提高的研究

实验目的

（1）了解提高功率因数的意义和方法。

（2）熟悉荧光灯电路的组成和原理。

（3）通过实验进一步熟悉和掌握功率表和自耦调压器的使用方法。

实验原理与说明

1. 功率因数提高的意义

功率因数过低，在供电线路上要引起较大的能量损耗和电压降低。这是因为供电系统由电源（发电机或变压器）通过输电线路向负载供电，在一定的电压下向负载输送一定的有功功率 $P = UI\cos\varphi$，当功率 P 和供电电压 U 一定时，负载功率因数 $\cos\varphi$ 越低，通过线路电流 I 就越大；从而线路电压降 $\Delta U_1 = IR_1$ 和线路功率损耗 $\Delta P_1 = I^2R_1$ 就越大；线路电压降的增加，将引起负载电压的降低，影响负载的正常工作。

另外，在电力用户中，感性负载很多（如电动机、电风扇、洗衣机等），其功率因数较低。负载的功率因数低，使得电源设备的容量不能得到充分利用。因为电源设备额定容量等于额定电压和额定电流的乘积，在相同的电压和电流的情况下，负载的功率因数越低，发电机或变压器能提供的有功功率越少。

因而，必须采取措施提高感性负载的功率因数。

2. 功率因数提高的方法

由于实际电气设备以感性负载为主，所以提高功率因数的常用措施是，在感性负载两端并上一个合适的补偿电容，让电容器产生的无功功率来补偿感性负载消耗的无功功率，从而达到提高功率因数的目的。

并联电容器后使得功率因数提高，线路电流减小，若负载总无功功率 $Q_C<Q_L$ 时，电路中的负载仍然为感性，此时电路状态称为欠补偿状态；当并联电容器后使负载总无功功率 $Q_C=Q_L$ 时，总无功功率 $Q=0$，此时功率因数 $\cos\varphi=1$，线路电流 I 最小，此时的电路状态称为全补偿状态；若继续增加并联电容值，将导致功率因数下降，线路电流增大，这种现象称为过补偿状态。可见，在感性电路的两端并上一个合适的电容器，可改善电路的功率因数，大大提高电源的利用率。

3. 荧光灯电路的组成和原理

荧光灯电路由灯管、启辉器和镇流器三部分组成。

（1）灯管。灯管是内壁涂有荧光粉的玻璃管，两端装有灯丝电极，灯丝上涂有受热后易发射电子的金属氧化物，管内充有少量惰性气体和水银蒸气。灯管的启辉电压是 400～500V，启辉后正常管压降只有 80～110V。

（2）启辉器。启辉器俗称跳泡，是一个充有氖气的辉光管。

（3）镇流器。它的作用一是在灯管启燃瞬间产生一高电压，帮助灯管启燃；二是在正常工作时起到降压的作用。

荧光灯电路工作原理说明。当荧光灯电路接通电源时，电源电压加在启辉器两端，使启辉器两电极之间产生辉光放电，此时两电极受热伸展短接，电源、镇流器、启辉器及荧光灯的灯丝电极串联构成通路，这时的电流大约是正常工作电流的两倍，使灯丝预热便于发射电子。启辉器两电极短接后，氖气停止电离，温度下降电极收缩断开。电路在断开的瞬间在镇流器两端产生一个瞬间高感应电压，该电压连同电源电压一起加在灯管的两端，导致灯管内气体电离放电，水银分子电离产生的紫外线激发管内壁的荧光粉发出可见光。灯管点亮后两端的电压较低，30W 的约为 100V，这时连接在灯管两端的启辉器因电压低不能再次启动。

实验设备

实验设备清单见表 1-10-1。

表 1-10-1　　实验设备清单

名称	型号	规格	数量	编号	备注
自耦调压器			1		
交流数字电压表		3 位半/300V	1		
交流数字电流表		3 位半/1A	1		
功率表			1		
荧光灯管		30W	1		
镇流器			1		
启辉器			1		
电容箱		220V	1		
导线			若干		

实验内容

1. 测量荧光灯电路模型参数

按图 1-10-1 接线（电容箱电容值 $C=0$），检查正确后合上交流电源按钮，调节自耦调压

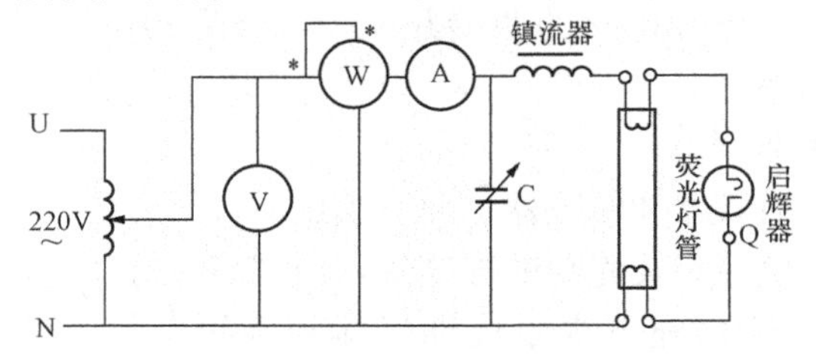

图 1-10-1　提高荧光灯电路功率因数实验电路

器使其输出电压为220V，用电压表测量灯管两端电压U_R及镇流器两端电压U_L，用电流表测灯管电流I，用功率表测荧光灯消耗的有功功率，记入实验表1-10-2中，并计算出荧光灯电路模型的等效参数。

表1-10-2　荧光灯电路参数测量数据

测量数值					计算值	
P（W）	I（A）	U（V）	U_L（V）	U_R（V）	等效电感L（H）	等效电阻R（Ω）

2. 并联电容器提高荧光灯电路功率因数

保持自耦调压器输出端电压为220V，在荧光灯电路两端并联上电容器，如图1-10-1所示，按表1-10-3的电容C值改变电容，使电路分别处于欠补偿、全补偿以及过补偿状态，分别测出电源电压U、线路电流I、功率P和功率因数$\cos\varphi$，记入表1-10-3中。

表1-10-3　提高荧光灯电路功率因数实验测量数据

C（μf）	U（V）	I（A）	P（W）	$\cos\varphi$
0				
0.47				
1				
2.2				
C_0				
5.3				
6.5				
7.19				
8.19				

注　C_0为全补偿点对应的电容值。

实验注意事项

（1）注意功率表和自耦调压器的正确使用。

（2）实验中要测出$\cos\varphi$最接近1的一组数据。

预习思考题

（1）一般的负载为什么功率因数较低？负载较低的功率因数对供电系统有何影响？为什么？

（2）提高感性负载功率因数为什么采用并联电容器法，而不用串联电容器法？所并联的电容值是否越大越好？

（3）在荧光灯电路两端并联电容器后，试问电路中的总电流是增大还是减小？此时日光灯电路上的电流和功率是否改变?

（4）如何利用实验的方法判断电路是否工作在全补偿状态？实验中荧光灯电路的功率因数能否补偿到1，讨论其原因。

实验报告要求

（1）根据表1-10-2中的实验数据，计算荧光灯电路模型参数?

（2）根据表1-10-3实验数据，计算出荧光灯电路两端并联不同电容时的功率因数$\cos\varphi$，并说明并联的电容器对功率因数的影响；在同一方格纸上画出功率因数$\cos\varphi$和总电流I随电容C变化的曲线，即$\cos\varphi=f(C)$曲线和$I=f(C)$曲线。

（3）回答预习思考题。

实验十一　正弦稳态交流电路相量的研究

实验目的

（1）研究正弦稳态交流电路中电压、电流相量之间的关系。

（2）掌握 RC 串联电路的相量轨迹及其作为移相器的应用。

实验原理与说明

（1）在正弦交流电路中，连接在同一结点的支路电流满足相量形式的 KCL，连接同一回路的各元件电压满足相量形式的 KVL，即

$$\sum \dot{I} = 0$$

$$\sum \dot{U} = 0$$

（2）图 1-11-1 所示的 RC 串联电路中，在正弦稳态信号 $\dot{U}$ 的激励下，有

$$\dot{U} = \dot{U}_C + \dot{U}_R, U = \sqrt{U_R^2 + U_C^2}$$

$\dot{U}_R$ 与 $\dot{I}$ 同相，$\dot{U}_C$ 滞后 $\dot{I}$ 90°；$\dot{U}_R$ 与 $\dot{U}_C$ 始终保持有 90°的相位差，即当阻值 R 改变时，$\dot{U}_R$ 的相量轨迹是一个半圆；$\dot{U}$、$\dot{U}_R$ 与 $\dot{U}_C$ 三者形成一个直角电压三角形。$\dot{U}$ 与 $\dot{I}$ 之间的相位差 $\varphi = \arctan\dfrac{1}{2\pi fCR}$ 将随电阻 R、电容 C 或频率 f 的改变而在 0°～90°之间变化，从而达到移相的目的。

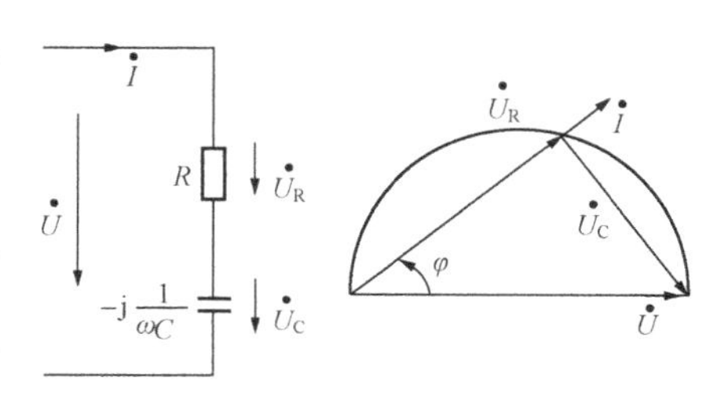

图 1-11-1　RC 电路相量图

实验设备

实验设备清单见表 1-11-1。

表 1-11-1　　实验设备清单

名称	型号	规格	数量	编号	备注
自耦调压器			1		
交流数字电压表		3 位半/300V	1		
交流数字电流表		3 位半/1A	1		
功率表			1		
白炽灯		25W/220V	2		

续表

名称	型号	规格	数量	编号	备注
荧光灯管		30W	1		
镇流器			1		
启辉器			1		
电容箱			1		

实验内容

1. 研究RC电路的相量关系

用4只220V/25W的白炽灯泡和6.5μF的电容器组成如图1-11-2所示的实验电路。图中，闭合电源开关调节调压器至输出为220V，测量电源两端电压U、电容器两端电压U_C、白炽灯两端电压U_R及功率因数$\cos\varphi$，记入表1-11-2，验证电压相量关系。

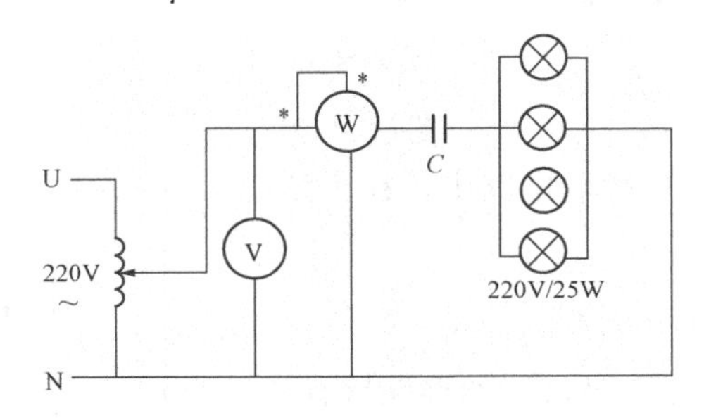

图1-11-2 RC电路相量实验图

表1-11-2 **RC电路电压相量关系测量数据**

白炽灯数	测量值				计算值			
	U（V）	U_R（V）	U_C（V）	$\cos\varphi$	U（U_R，U_C组成$Rt\Delta$）（V）	ΔU（V）	γ（%）	φ
2个并联								
4个并联								

2. 研究RL电路（荧光灯电路）的相量关系

按图1-11-3接线（将电容箱电容C调为零），检查接线正确后合上交流电源按钮，调节自耦调压器使其输出为220V，测量电路中的功率P、电流I及电源两端电压U、镇流器两端电压U_L、灯管两端电压U_R和功率因数$\cos\varphi$，记入表1-11-3中，验证电压、电流相量关系。

表1-11-3 **荧光灯电路相量关系测量数据**

测量值						计算值
P（W）	I（A）	U（V）	U_L（V）	U_R（V）	$\cos\varphi$	R（Ω）

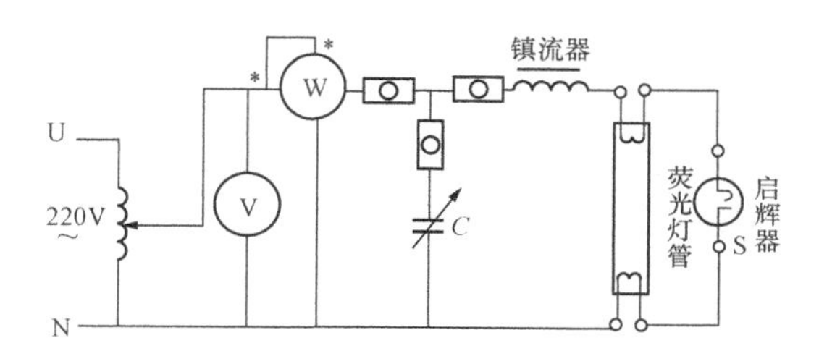

图 1-11-3　改善荧光灯电路功率因数实验电路

3. 通过改变并联电容 C 值的大小来改变 φ 角的大小，从而改善荧光灯电路的功率因数

图 1-11-3 中 C 是电容补偿器，用以改善电路的功率因数（$\cos\varphi$ 值）。按图 1-11-3 接线（将电容箱电容 C 调为零），检查接线正确后合上交流电源按钮，调节自耦调压器使其输出为 220V，改变电容值使电路处于欠补偿、接近全补偿和过补偿状态（如电容值为 1、3.2、7.5μF）时分别测量电路中的功率 P、电源两端电压 U 、电流 I、电容支路的电流 I_C、荧光灯支路电流 I_{RL} 和功率因数 $\cos\varphi$，记入表 1-11-4 中，验证电压、电流相量关系，观察电容改变时荧光灯亮度的变化情况。

表 1-11-4　　改善功率因数测量数据

电容值 (μF)	测量数值						计算值
	P (W)	U (V)	I (A)	I_C (A)	I_{RL} (A)	$\cos\varphi$	I'_C (A)
1							
3.2							
7.5							

实验注意事项

（1）功率表要正确接入电路，电路检查正确后再合上交流电源开始实验。

（2）线路接线正确，荧光灯不能启辉时，应检查启辉器及其接触是否良好。

（3）本实验用电流插头和插口配合使用测量各支路的电流。

预习思考题

（1）荧光灯点亮后启辉器还起作用吗？如果没有启辉器如何点亮荧光灯电路？

（2）荧光灯电路可否接在直流 220V 电压下工作？

（3）在感性负载两端并联电容器，电路的总电流是如何变化的？此时感性元件上的电流和功率是否改变？

实验报告要求

（1）完成测量数据表格中的计算，进行必要的误差分析。

（2）根据表 1-11-2 的数据分别计算出不同电阻下 $\dot{U}$ 与 $\dot{I}$ 之间的相位差 φ 的大小？并分析不同电阻下相位差 φ 的变化情况。

(3) 根据表 1-11-2 和表 1-11-3 的实验数据，分别绘出电压相量图，验证相量形式的基尔霍夫电压定律。

(4) 根据表 1-11-4 的实验数据分别绘出对应不同电容值时电流相量图，验证相量形式的基尔霍夫电流定律，总结电源电压与总电流的相位差变化关系；改变并联电容箱的电容大小时，荧光灯的亮度是否发生变化?

(5) 回答预习思考题。

实验十二　R、L、C串联谐振电路的研究

实验目的

（1）掌握串联谐振电路的特点，了解电路谐振频率、品质因数 Q 和通频带的含义及测定方法。

（2）学习用实验方法绘制RLC串联电路不同 Q 值下的幅频特性曲线。

（3）熟练信号源、频率计和交流毫伏表的使用。

实验原理与说明

1. 串联谐振条件

图1-12-1所示的RLC串联电路中，电路复阻抗 $Z=R+\mathrm{j}\left(\omega L-\frac{1}{\omega C}\right)$，当 $\omega L=\frac{1}{\omega C}$ 时，$|Z|=R$，$\dot{U}$ 与 $\dot{I}$ 同相位，电路发生串联谐振。

发生串联谐振条件是

$$\omega L=\frac{1}{\omega C}$$

谐振角频率 $\omega_0=\frac{1}{\sqrt{LC}}$，谐振频率 $f_0=\frac{1}{2\pi\sqrt{LC}}$。

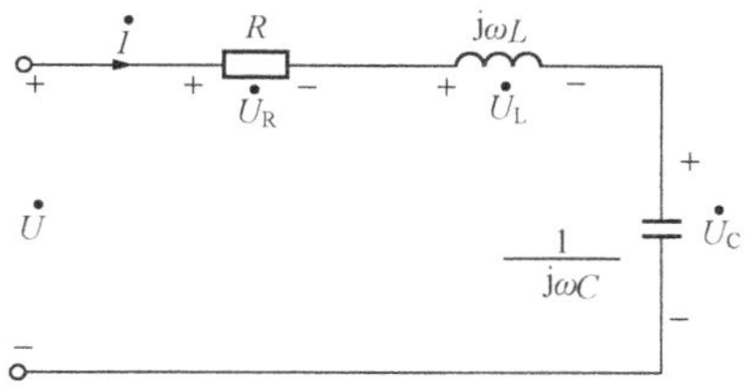

图1-12-1　RLC串联谐振电路

2. 串联谐振特点

电路发生串联谐振时，电路的复阻抗为最小值，即 $Z=R+\mathrm{j}\left(\omega_0 L-\frac{1}{\omega_0 C}\right)=R$，电路呈现纯阻性，电压和电流同相位且电流为最大值。通常可用安培表（或用伏特表测 U_R）来指示电路是否达到谐振状态。

3. 品质因数 Q 及频率特性

电路发生串联谐振时有，$U_R=U$，$U_L=U_C=QU$（其中 Q 为品质因数），或写为 $Q=\frac{U_L}{U}=\frac{U_C}{U}=\frac{1}{R}\sqrt{\frac{L}{C}}$。$Q$ 与电路的参数 R、L、C 有关，电阻越小，Q 值就越大。Q 值越大，幅频特性曲线越尖锐，通频带越窄，电路的选择性越好。实际广播、通信电路的 Q 值可达200～500，甚至更高。当 $Q\gg 1$ 时，会在电感和电容两端出现大大高于外施电压 U 的高电压，称为过电压现象，往往会造成元件损坏。但这种高电压通常只出现在谐振频率附近一个很小的范围内，偏离这个范围 U_L 和 U_C 急剧下降。在电力系统中应该避免出现谐振现象，但无线电电路中却常利用谐振提高微弱信号的幅值。例如，收音机的天线回路就是一个串联谐振电路。

在RLC串联电路中，电压、电流、输入阻抗和幅角、电抗等与频率的关系称为频率特

性，而电流 I、电压 U_L、电压 U_C 等与频率的关系称为谐振曲线。

图 1-12-1 电路中，若 $\dot{U}$ 为激励信号，$\dot{U}_R$ 为响应信号，其幅频特性曲线如图 1-12-2 所示。在 $f=f_0$ 时，$A=1$，$U_R=U$；$f \neq f_0$ 时，$U_R<U$，呈带通特性。当 $A=0.707$ 时，即 $U_R=0.707U$ 时所对应的两个频率 f_L 和 f_H 为下限频率和上限频率，f_H-f_L 为通频带。通频带的宽窄与电阻 R 有关，不同电阻值的幅频特性曲线如图 1-12-3 所示。

在本实验中采用交流数字毫伏表测量不同频率下的电压 U、U_R、U_C 与 U_L，绘制 R、L、C 串联电路的幅频特性曲线，并根据 $\Delta f=f_H-f_L$ 计算出通频带，根据 $Q=\dfrac{U_L}{U}=\dfrac{U_C}{U}$ 或 $Q=\dfrac{f_0}{f_H-f_L}$ 计算出品质因数。

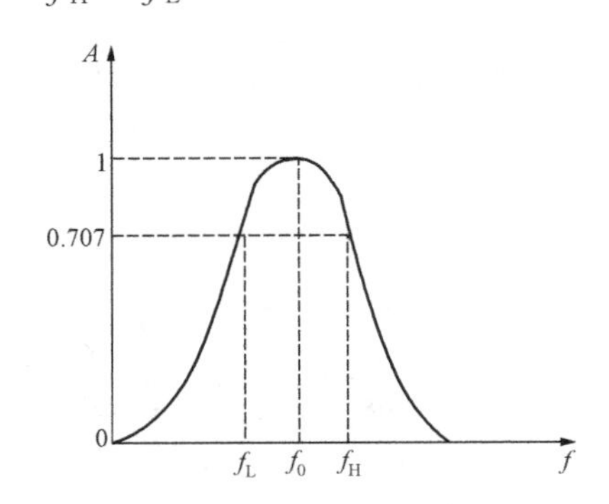

图 1-12-2 幅频特性曲线

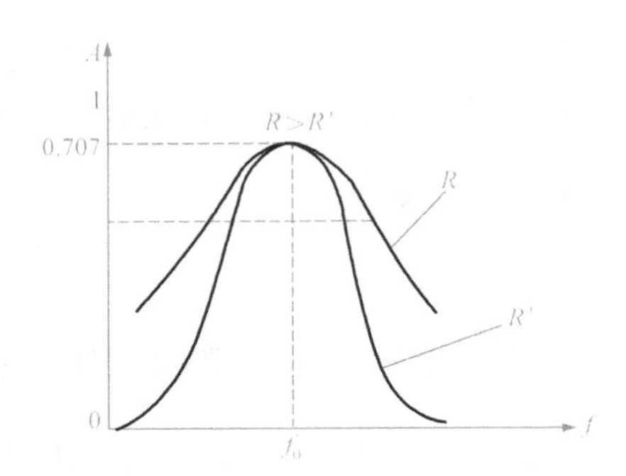

图 1-12-3 不同电阻值的幅频特性曲线

实验设备

实验设备清单见表 1-12-1。

表 1-12-1 实验设备清单

名称	型号	规格	数量	编号	备注
信号发生器		正弦波输出	1		含频率计
交流数字毫伏表		3 位半/20V	1		
双踪示波器			1		
固定电阻		51Ω/100Ω	2		
电容器		0.1μF	1		
电感器		15mH	1		
导线			若干		

实验内容

1. 测量 RLC 串联电路谐振频率

实验电路如图 1-12-4 所示。选取 $C=0.1\mu F$，$L=15mH$；u_S 为正弦波输出信号，调节信号源正弦波输出电压有效值为1.9V（用交流毫伏表测量），并保持不变，用示波器监测。

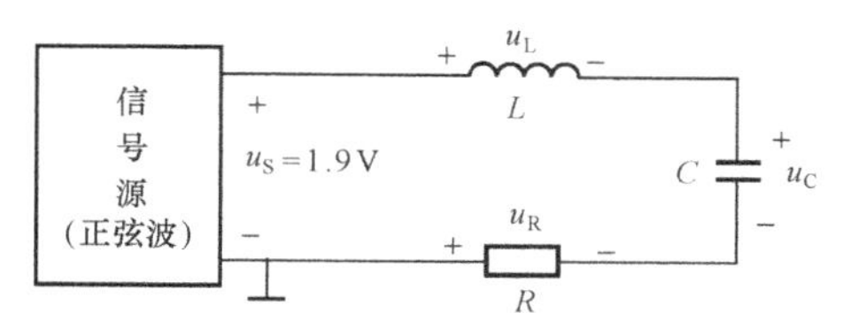

图1-12-4　RLC串联谐振实验电路

找出电路谐振频率f_0的方法是，将毫伏表接在电阻R两端，调节信号源的正弦波输出电压频率由小逐渐变大（注意要维持信号源的输出电压1.9V不变），用交流毫伏表测量电阻R两端电压U_R，当U_R的读数为最大时，读得频率计上的频率值即为电路的谐振频率f_0，并测量此时的U_R、U_C与U_L之值（注意及时更换毫伏表的量限）记入表1-12-2中的对应位置。

2. 测量RLC串联电路的幅频特性

图1-12-4中的电阻$R=51\Omega$，应先测出谐振点，在其两侧再测出电路中电容电压U_C与电感电压U_L的极值点。将毫伏表分别接在电容C（0.1μF）和电感L（15mH）两端，调节信号源的频率，用交流毫伏表分别测量电容C和电感L两端电压U_C与U_L，当U_C或U_L的读数为最大时，读得频率计上的频率值分别记录下对应的频率f_C和f_L值，并测量对应的U_R、U_C与U_L之值（注意及时更换毫伏表的量限），记入表1-12-2中对应位置。

在表1-12-2中的频率f_C和f_L两侧，再按频率递减或递增顺序依次各取5个测量点，逐点测出U_R、U_C与U_L之值，记入数据表1-12-2中。

表1-12-2　RLC串联电路（$R=51\Omega$时）幅频特性实验测量数据

f（kHz）						f_C	f_0	f_L						
U_R（V）														
U_C（V）														
U_L（V）														

3. 测量RLC串联电路的幅频特性（$R=100\Omega$）

改变图1-12-4中的电阻值令$R=100\Omega$，重复实验上述测量过程，将幅频特性测量数据记入数据表1-12-3中。

表1-12-3　RLC串联电路（$R=100\Omega$时）幅频特性实验测量数据

f（kHz）						f_C	f_0	f_L						
U_R（V）														
U_C（V）														
U_L（V）														

实验注意事项

（1）测试的频率点应选择在靠近谐振频率附近和U_C与U_L极值点附件多选取几点，实验过程中注意维持信号源正弦波输出电压1.9V不变。

（2）在测量中注意及时更换毫伏表的量程，在测量U_C和U_L数值前，应将毫伏表的量限增大约10倍；而且在测量U_R、U_C、U_L时，毫伏表的“＋”端应接在靠近信号源的“＋”

端，毫伏表的“—”端应接在靠近信号源的“—”端。

预习思考题

（1）根据实验内容1、3的元件参数值，估算电路的谐振频率，自拟测量谐振频率的数据表格。

（2）串联谐振时有什么特点？改变电路的哪些参数可以使电路发生谐振，电路中电阻 R 的大小是否对谐振频率有影响？

（3）如何判别电路是否发生谐振？测试谐振点的方案有哪些？

（4）电路发生串联谐振时，为什么输入电压 u_S 不能太大？如果信号源给出2V的电压，电路谐振时，用交流毫伏表测 U_C 与 U_L，应该选择用多大的量限？为什么？

（5）要提高RLC串联电路的品质因数，电路参数应如何改变？

实验报告要求

（1）电路谐振时，比较输出电压 U_R 与输入电压 u_S 是否相等？U_C 与 U_L 是否相等？试分析原因。

（2）根据数据表1-12-2和表1-12-3的实验数据，分别绘出不同电阻值下的三条幅频特性曲线：$U_R = f_R(f)$，$U_C = f_C(f)$，$U_L = f_L(f)$，验证 Q 值对曲线的影响。

（3）根据实验数据计算出通频带与 Q 值，与理论计算值进行比较，分析误差原因，并说明不同电阻值时对电路通频带与品质因数的影响。

（4）回答预习思考题。

实验十三 三相电路电压、电流的测量

实验目的

（1）学习三相负载的星形连接和三角形连接方法。

（2）加深理解三相电路线电压与相电压，线电流与相电流之间的关系。

（3）了解三相四线制供电系统中的中性线作用。

（4）学会使用相序器测量电源相序的方法。

实验原理与说明

三相负载端线 A、B、C 分别接至三相电源的端线 U、V、W，而负载中性点 N′与电源中性点 N 相连接，这种用 4 根导线将三相电源和三相负载连接起来的三相电路称为三相四线制电路；如果负载中性点 N′与电源中性点 N 无导线相连，则称为三相三线制电路。

1. 三相星形负载

对称三相负载作星（Y）形连接时，线电压 U_L 是相电压 U_{ph} 的 $\sqrt{3}$ 倍；线电流 I_L 等于相电流 I_{ph}，即 $U_L=\sqrt{3}U_{ph}, I_L=I_{ph}$；流过中性线的电流 $I_N=0$。

不对称三相负载作 Y 形连接时，一般采用三相四线制接法，中性线的作用是保证三相不对称负载的每相电压等于电源的相电压，流过中性线的电流为 $\dot{I}_N=\dot{I}_U+\dot{I}_V+\dot{I}_W$。若无中性线，会导致三相负载相电压不对称，致使负载轻（阻抗大）的一相的相电压过高，使单相用电器遭受损坏，负载重（阻抗小）的一相的相电压又过低，使单相用电器不能正常工作。

2. 三相三角形负载

对称三相负载作三角（△）形连接时，线电压 U_L 等于相电压 U_{ph}，线电流 I_L 是相电流 I_{ph} 的 $\sqrt{3}$ 倍，而相位滞后于对应的相电流 30°，即 $I_L=\sqrt{3}I_{ph}, U_L=U_{ph}$。

不对称三相负载作△形连接时，则线电流和相电流之间不满足上述电流关系，即不满足 $I_L\neq\sqrt{3}\ I_{ph}$ 的关系。

但是负载作△形连接时，不论三相负载是否对称，总有 $\dot{I}_U+\dot{I}_V+\dot{I}_W=0$，只要电源的线电压 U_L 对称，三相负载上的电压就是对称的，因而对各相负载工作没有影响。

3. 三相电源相序的测定

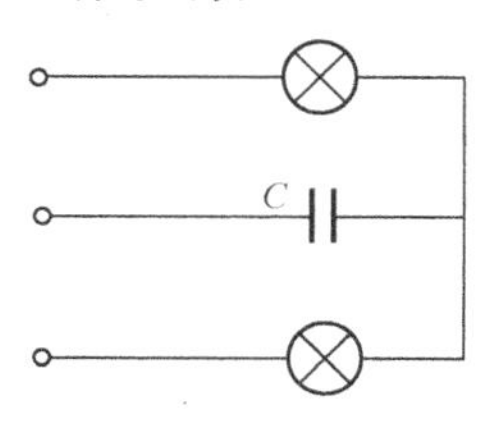

图 1-13-1 相序器原理电路

三相三线制 Y 形不对称负载电路中，因中性点位移，各相负载电压不对称，利用这一特点可以作成一种电路，以判别相序。相序器原理电路如图 1-13-1 所示，Y 形负载一相接电容器，另外两相接功率相同的白炽灯。适当选择电容器 C 值，可使两个灯泡的亮度有明显的差别。灯泡较亮的一相在相位上超前灯泡较暗的一相，而滞后于接电容的一相，即如果设接电容的一相为 U 相，则灯泡较亮一相为 V 相，较暗的一相为 W 相。

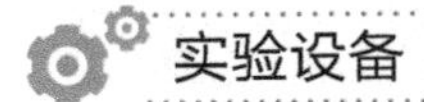

实验设备

实验设备清单见表 1-13-1。

表 1-13-1　　实验设备清单

名称	型号	规格	数量	编号	备注
三相调压器			1		
交流数字电压表		3 位半/300V	1		
交流数字电流表		3 位半/1A	1		
三相白炽灯箱		220V/25W	1		
交流电流插头			1		
导线			若干		

实验内容

1. 三相负载 Y 形连接（三相四线制供电）

实验电路如图 1-13-2 所示，将白炽灯按图所示连接成 Y 形接法。三相交流电源经三相调压器向三相负载输出电压，先将三相调压器的旋钮置于三相电压输出为零的位置（即逆时针旋到底的位置），检查正确后再合上交流电源按钮，旋转三相调压器旋钮，调节其输出的线电压为 220V，测量相电压，并记录测量数据。

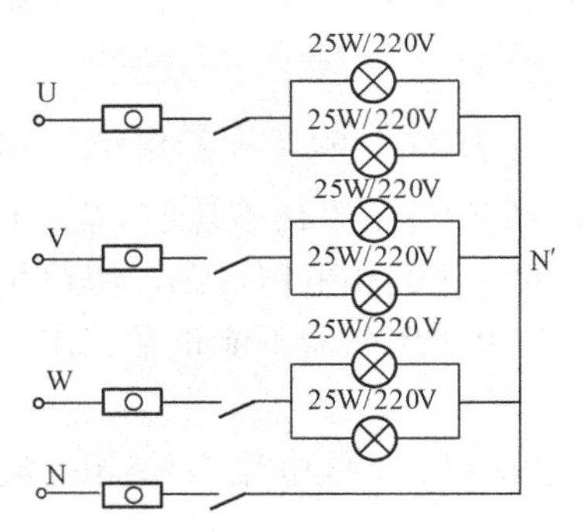

图 1-13-2　三相负载星接线电路

（1）三相负载对称时，依据表 1-13-2 给出负载每相灯的情况，测量有中性线和无中性线的情况下各相电压、中性线电压和各相电流、中性线电流，将测量数据记入表 1-13-2 中，并记录各灯的亮度。

（2）三相负载不对称时，依据表 1-13-2 改变负载每相灯的情况，测量的有中性线和无中性线的情况下的各相电流、各相电压和电源中性点 N 到负载中点 N′的电压 $U_{NN'}$，将测量数据记入表 1-13-2 中，并记录各相灯的亮度变化。

表 1-13-2　　负载 Y 形连接实验测量数据

实验内容 ＼ 待测量					负载相电压（V）			$U_{NN'}$（V）	负载相电流（A）			$I_{NN'}$（A）
	U	V	W	中性性线情况	U_U	U_V	U_W		I_U	I_V	I_W	
负载对称	2 并	2 并	2 并	有								
	2 并	2 并	2 并	无								

续表

实验内容＼待测量				负载相电压（V）			$U_{NN'}$（V）	负载相电流（A）			$I_{NN'}$（A）
	U	V	W	中性性线情况	U_U	U_V	U_W		I_U	I_V	I_W	
负载不对称	2串	2并	2并	有								
	2串	2并	2并	无								
	断开	2并	2并	有								
	断开	2并	2并	无								
	短路	2并	2并	无								
	并电容	2并	2并	无								

注　U相并电容时要求将U相灯断开，可以并联0.22μF的电容。

2. 三相负载△形连接（三相三线制供电）

实验电路如实验图1-13-3所示，将白炽灯按图所示连接成△形接法。调节三相调压器的输出线电压为220V。依据表1-13-3改变负载每相灯的情况，测量三相负载对称和不对称时的各相电流、线电流和各相电压，将测量数据记入表1-13-3中，并记录各相灯的亮度变化。

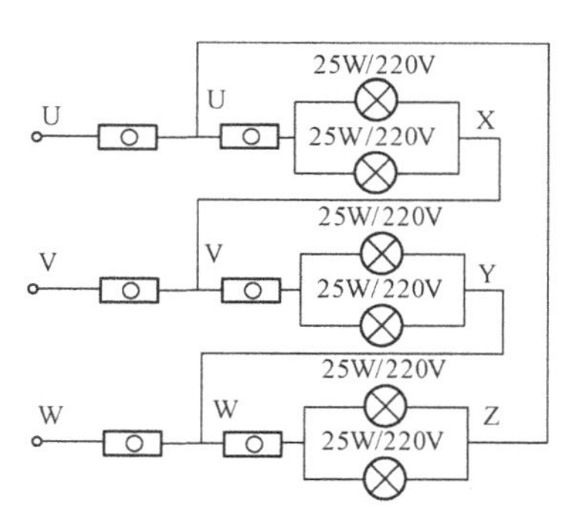

图1-13-3　三相负载△形接线电路

表1-13-3　　**负载△形连接实验测量数据**

负载情况	每相灯数			负载相电压（V）			负载线电流（A）			负载相电流（A）		
	U-V	V-W	W-U	U_{UV}	U_{VW}	U_{WU}	I_U	I_V	I_W	I_{UV}	I_{VW}	I_{WU}
对称	2并	2并	2并									
不对称	2串	2并	2并									
	断开	2并	2并									

实验注意事项

(1) 每次接线完毕，同组成员应自查一遍，由指导教师检查后方可接通电源，必须严格遵守先接线、后通电、先断电、后拆线的实验操作规程。

(2) Y形负载作短路实验时，必须首先断开中性线，以免发生短路事故。

(3) U相接电容器测相序的时候，也要断开中性线，且将该相的灯断开；改变电容大小使V、W相灯泡有明显的亮度区别。

(4) 测量、记录各电压、电流时，注意分清是哪一相、哪一线，防止记错。

(5) 把负载接成△形连接时，不要把线接错，以防造成电源短路。

预习思考题

(1) 三相对称负载按Y形或△形连接，它们的线电压与相电压、线电流与相电流有何关系？当三相负载不对称时又有何关系？

(2) 三相四线制电路有什么特点？三相四线制电路的中性线上能否装熔断器？为什么？

(3) 不对称Y形、△形连接的负载，能否正常工作？实验是否能证明这一点？

(4) 对于三相纯电阻性负载电路，当有一相负载发生变化时中性点是如何变化的？

(5) 分析相序器的相序测量原理，说明判定相序的意义？

实验报告要求

(1) 根据实验测量数据，当负载为Y形连接时，$U_{\mathrm{L}}=\sqrt{3}U_{\mathrm{ph}}$ 在什么条件下成立？当负载△形连接时，$I_{\mathrm{L}}=\sqrt{3}I_{\mathrm{ph}}$ 在什么条件下成立？

(2) 用实验测量数据和观察到的现象，总结三相四线制供电系统中中性线的作用。

(3) 根据表1-13-2实验测量数据，对于相同负载要求在同一方格纸上画出有中性线和无中性线两种情况下各相电压的相量图，并验证实验测量数据的正确性。

(4) 根据表1-13-2中的U相负载短路时的实验数据，说明各项负载能否正常工作，并画出电路相量图，分析实验中出现的现象。

(5) 根据表1-13-2中的U相负载改接电容器时的实验数据，画出电路相量图，根据实验相序指示器中灯泡的亮度判断电源的相序，说明相序测定原理。

(6) 根据表1-13-3实验测量数据，画出各相电流的相量图，并验证实验数据的正确性。

(7) 回答预习思考题。

实验十四　三相电路功率的测量

实验目的

（1）掌握三相电路功率测量的原理。

（2）学会用一表法、二表法和三表法测量三相电路有功功率的方法。

（3）学习一表法和二表法测量对称三相电路的无功功率的方法。

（4）掌握交流电流插头与功率表配合使用的方法。

实验原理与说明

1. 三相电路有功功率的测量方法

在三相电路中，三相负载的有功功率等于各相负载的有功功率之和，即

$$P_{\Sigma}=P_{U}+P_{V}+P_{W}=U_{U}I_{U}\cos\varphi_{U}+U_{V}I_{V}\cos\varphi_{V}+U_{W}I_{W}\cos\varphi_{W}$$

（1）一表法测三相对称电路有功功率。无论是采用三相三线制还是三相四线制的供电方式，负载不论是Y连接还是△连接，对于对称三相电路都有 $U_{U}=U_{V}=U_{W}=U_{ph}$，$P_{\Sigma}=3U_{ph}I_{ph}\cos\varphi$，即对称三相电路总的有功功率等于一相有功功率的3倍。因而对于三相对称负载，用一个功率表测量即可，这种测量方法称为一表法，其接线如图1-14-1所示。若功率表的读数为 P_{1}，则三相总有功功率 $P_{\Sigma}=3P_{1}$。

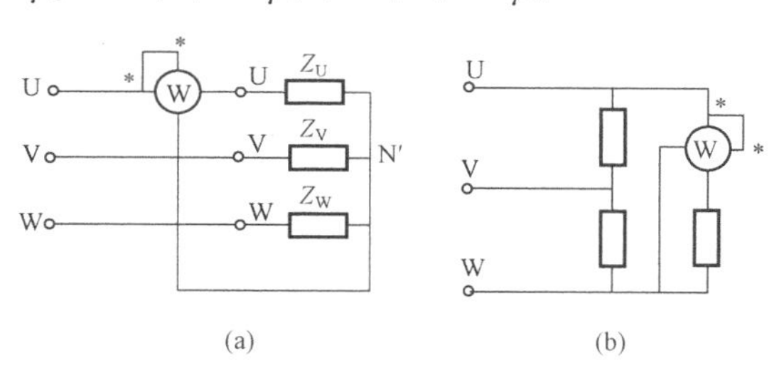

图1-14-1　一表法测三相对称电路有功功率

（a）三相Y形对称负载；（b）三相△形对称负载

（2）二表法测三相三线制电路有功功率。只要电路采用三相三线制的供电方式，不论三相负载对称与否，也不论负载是Y连接还是△连接，都可用两个功率表来测量三相负载的有功功率，这种测量方法称为二表法。二表法接线原则为：①两个功率表的电流线圈应分别串联在不同的两相电源线上，同时电流线圈的发电机端（即“*”端）接在电源侧；②两个功率表的电压线圈的发电机端（即“*”端）与各自电流线圈“*”端接在一起，非发电机端（即非“*”端）共同接到没有接功率表电流线圈的那相电源上。改变功率表的电流线圈所接入的电源相，可以得到二表法的不同接线方式。图1-14-2所示为二表法的一种接线方式。图中，功率表PW1的电流线圈流过的是电流 $\dot{I}_{U}$，PW1电压线圈取的是电压 $\dot{U}_{UV}$；功率表PW2的电流线圈流过的是电流 $\dot{I}_{W}$，PW2电压线圈取的是电压 $\dot{U}_{WV}$。

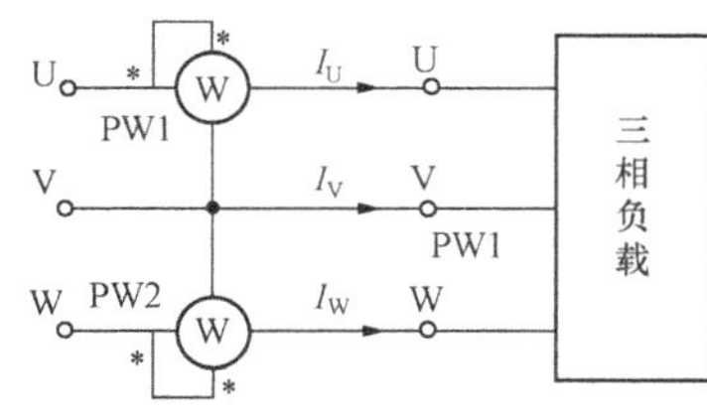

图1-14-2　二表法测三相三线制电路有功功率

两只功率表的读数分别为

$$P_1 = U_{UV}I_U\cos\varphi_1 \text{ , } P_2 = U_{WV}I_W\cos\varphi_2$$

式中：φ_1 为电压相量 $\dot{U}_{UV}$ 与电流相量 $\dot{I}_U$ 之间的相位差；φ_2 为电压相量 $\dot{U}_{WV}$ 与电流相量 $\dot{I}_W$ 之间的相位差。

可以证明三相总有功功率为

$$P_{\Sigma} = U_{UV}I_U\cos\varphi_1 + U_{WV}I_W\cos\varphi_2 = P_1 + P_2$$

即两个功率表读数的代数和为三相三线制电路的总有功功率。

采用二表法测量对称三相负载电路时，则对称负载的功率因数会对功率表的读数有影响，因而要注意以下几点：

1）两功率表之和代表三相电路总有功功率 P_{Σ}，单个功率表的读数是没有物理意义的。

2）当负载功率因数 $\cos\varphi > 0.5$、$|\varphi| < 60°$ 时，两个功率表读数都为正。

3）当负载为纯电阻、$\varphi = 0$ 时，$P_1 = P_2$，即两个功率表读数相等。

4）当负载功率因数 $\cos\varphi = 0.5$、$\varphi = \pm 60°$时，将有一个功率表的读数为零。

5）当负载功率因数 $\cos\varphi < 0.5$、$|\varphi| > 60°$ 时，则有一个功率表的读数为正值，另一个功率表的读数为负值。读数为负值的功率表指针将反方向偏转，一般切换功率表的开关使其实际读数为正值，而读数记录为负值。对于数字式功率表将出现负读数。求代数和时注意取负值。

（3）三表法测不对称三相四线制电路有功功率。对于三相四线制电路，当三相负载不对称时，三相电路的有功功率只能分别测量，然后将读数相加得到电路总的有功功率。如果用3个功率表分别测量功率，这种测量方法称为三表法，其接线如图1-14-3所示。三个单相功率表的读数为 P_1、P_2、P_3，则三相总有功功率 $P_{\Sigma} = P_1 + P_2 + P_3$。

2. 三相对称电路的无功功率的测量方法

（1）一表法测量三相对称电路的无功功率。用一个功率表可以测量出对称三相电路的无功功率，接线方式如图1-14-4所示。三相对称电路的无功功率用线电压与线电流可表示为 $Q = \sqrt{3}U_L I_L \sin\varphi$（$\varphi$ 为负载的阻抗角）。图1-14-4中功率表PW的电流线圈流过的是电流 $\dot{I}_U$，电压线圈取的是电压 $\dot{U}_{VW}$。功率表PW的读数为 P_1，设 φ 为电压相量 $\dot{U}_{VW}$ 与电流相量 $\dot{I}_U$ 之间的相位差，可以推导出 $P_1 = U_{VW}I_U\cos\varphi_1 = U_L I_L \sin\varphi$，则三相负载的无功功率 $Q = \sqrt{3}P_1$，即用功率表的读数乘以$\sqrt{3}$。

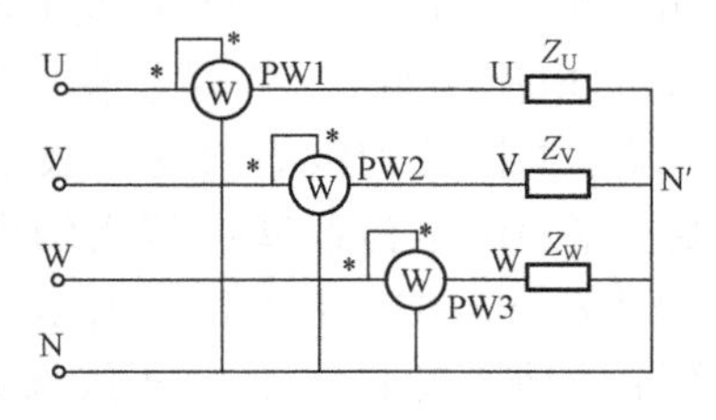

图1-14-3　三表法测三相四线制电路有功功率

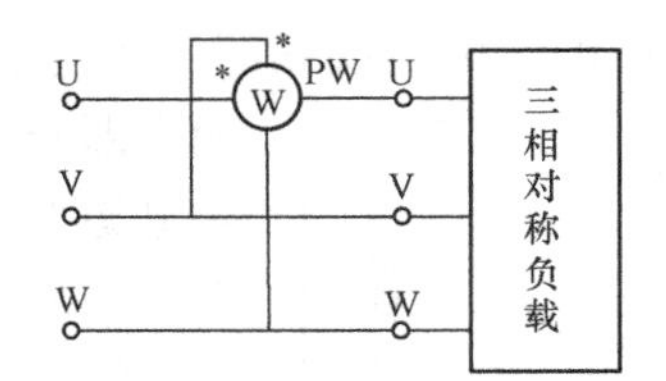

图1-14-4　一表法测三相对称电路无功功率

（2）二表法测量三相对称电路的无功功率。

用两个功率表可以测量出对称三相电路的无功功率，接线方式如图 1-14-2 所示。图中两只功率表的读数分别为 $P_1 = U_{UV}I_U\cos\varphi_1$，$P_2 = U_{WV}I_W\cos\varphi_2$，可以证明对称三相负载

$$P_1 - P_2 = U_{UV}I_U\cos\varphi_1 - U_{WV}I_W\cos\varphi_2 = U_L I_L\sin\varphi = \frac{Q}{\sqrt{3}}$$

可得

$$Q = \sqrt{3}(P_1 - P_2)$$

即两个功率表读数的代数差乘以 $\sqrt{3}$ 为对称三相三线制电路的总无功功率。

实验设备

实验设备清单见表 1-14-1 所示。

表 1-14-1　实验设备清单

名称	型号	规格	数量	编号	备注
三相调压器			1		
交流数字电压表		3 位半/300V	1		
交流数字电流表		3 位半/1A	1		
功率表		3A/500V	1		
三相白炽灯箱		220V/25W	1		
电容器		250V AC/3.3μF	3		
交流电流插头			1		
导线			若干		

实验内容

1. 三相四线制供电，测量三相电路的有功功率

（1）用一表法测量三相对称负载三相有功功率，实验电路如图 1-14-5 所示，图中负载作 Y 形连接（即 YN 接法）。线路中的电压表和电流表用以监视电路中的电压和电流不能超过功率表电压线圈和电流线圈的量程。检查正确后，接通三相电源开关，将调压器的输出由 0V 调到线电压 380V，将测量数据记入表 1-14-2 中。

表 1-14-2　一表法测量三相对称负载有功功率的数据

负载情况	开灯盏数			测量数据	计算值
	U 相	V 相	W 相	P_1（W）	P_Σ（W）
YN 接对称负载	2 并	2 并	2 并		

（2）用三表法测量负载 Y 形连接（即 YN 接法）时三相电路的有功功率。本实验用一个功率表实现三表法的测量，实验接线电路如图 1-14-6 所示。线路检查正确后，接通三相电源开关，将调压器的输出由 0V 调到线电压 220V，然后将电流插头插入某相即测得该相的功率，按表 1-14-3 的内容改变负载情况进行测量，将测量数据记入表 1-14-3 中，并计算出三相电路总功率 P_{Σ}。

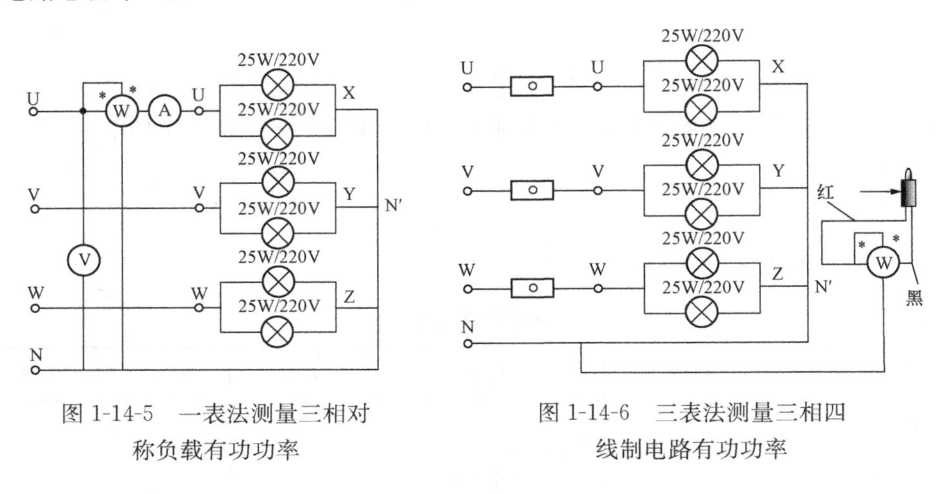

图 1-14-5　一表法测量三相对称负载有功功率

图 1-14-6　三表法测量三相四线制电路有功功率

表 1-14-3　　三表法测量三相四线制电路有功功率的数据

负载情况	开灯盏数			测量数据			计算值
	U 相	V 相	W 相	P_U（W）	P_V（W）	P_W（W）	P_{Σ}（W）
YN 接对称负载	2 并	2 并	2 并				
YN 接不对称负载	2 串	2 并	2 并				

2. 三相三线制供电，测量三相电路的有功功率

（1）用二表法测量三相 Y 形连接负载的三相有功功率，实验电路如图 1-14-7(a) 所示。图中三相白炽灯负载接线如图 1-14-7(b) 所示。检查正确后，接通三相电源开关，将调压器的输出由 0V 调到线电压 220V，按表 1-14-4 的内容改变负载情况进行测量，并将测量数据记入表 1-14-4 中，计算出三相电路总功率 P_{Σ}。

表 1-14-4　　二表法测量三相 Y 形连接负载有功功率的数据

负载情况	开灯盏数			测量数据		计算值
	U 相	V 相	W 相	P_1（W）	P_2（W）	P_{Σ}（W）
Y 接对称负载	2 并	2 并	2 并			
Y 接不对称负载	2 串	2 并	2 并			

（2）实验电路如图 1-14-7(a) 所示，图中三相白炽灯负载接线如图 1-14-7(c) 所示。检

查正确后，接通三相电源开关，将调压器的输出由 0V 调到线电压 220V，按表 1-14-5 的内容改变负载情况进行测量，并将测量数据记入表 1-14-5 中，计算出三相电路总功率 P_{Σ}。

表 1-14-5　　二表法测量三相△形连接负载有功功率的数据

负载情况	开灯盏数			测量数据		计算值
	U相	V相	W相	P_1(W)	P_2(W)	P_{Σ}(W)
△接对称负载	2并	2并	2并			
△接不对称负载	2串	2并	2并			

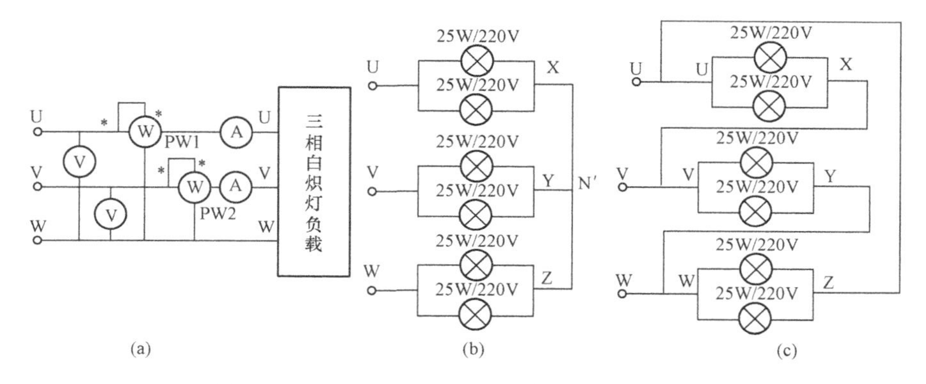

图 1-14-7　二表法测量三相三线制负载有功功率

(a) 二表法接线原理图；(b) 三相负载 Y 形接线电路；(c) 三相负载△形接线电路

3. 三相三线制供电，用二表法测定三相对称 Y 形负载的无功功率

实验电路如图 1-14-7(a) 所示，图中“三相白炽灯负载”按图 1-14-8 中(a) 图连接，每相负载由两个白炽灯串联组成。检查接线无误后，接通三相电源，将三相调压器的输出线电压调到 380V，将两功率表的测量数据分别记入表 1-14-6 中。

更换三相负载（改变电路性质），将图 1-14-7(a) 中的“三相白炽灯负载”分别按图 1-14-8(b)、图 1-14-8(c) 连接，检查接线无误后，接通三相电源，将三相调压器的输出线电压调到 380V，将两功率表的测量数据分别记入表 1-14-6 中。

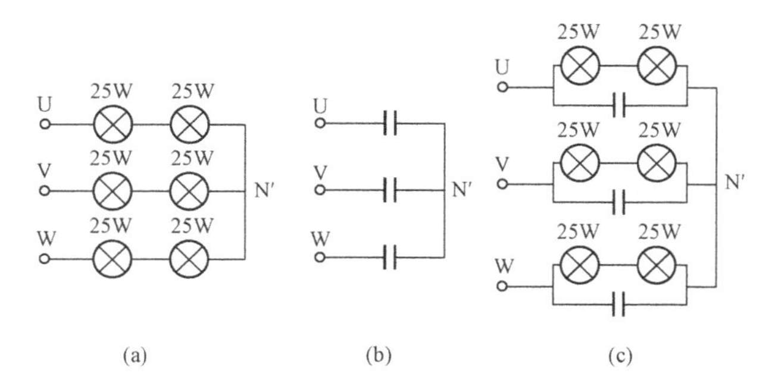

图 1-14-8　二表法测量三相三线制无功功率对称负载情况

(a) 三相纯阻性负载；(b) 三相电容负载；(c) 三相容性负载

表 1-14-6　　二表法测量三相对称负载无功功率数据

负载情况	测量值		计算值
	P_1（var）	P_2（var）	$Q=\sqrt{3}(P_1-P_2)$（var）
三相对称灯组（每相 2 盏串联）			
三相对称电容（每相 3.3μF）			
上述灯组、电容并联负载			

实验注意事项

（1）每次实验完毕，均需将三相调压器旋钮调回零位；如改变接线，均需断开三相电源，以确保安全。

（2）注意交流电流插头与功率表配合使用的时候，一定要将电流插头的红色接线端与功率表的“*”端相连，电流插头的黑色接线端与功率表的非“*”端相连。

预习思考题

（1）说明三相电路有功功率测量的方法。

（2）设计二表法测量三相电路有功功率的不同接线方式，并用相量图说明二表法测功率时出现读数为负值的原因。

（3）说明一表法测量三相对称负载无功功率的原理。

（4）为什么测量功率时通常在线路中都接有电流表和电压表？

（5）为什么有的实验需将三相电源线电压调到 380V，而有的实验三相电源线电压要调到 220V？

实验报告要求

（1）根据表 1-14-3 和表 1-14-4 测量数据，计算对称与不对称三相电路的总功率，并与理论计算结果相比较，分析误差原因。

（2）根据表 1-14-5 的测量数据，计算对称与不对称三相电路中的总功率。

（3）根据对阻性负载和容性负载无功功率的测量，总结其结论。

（4）回答预习思考题。

第二篇

电 机 实 验 技 术

实验一　直流电机认识实验

实验目的

（1）学习电机实验中的基本要求与安全操作的注意事项。

（2）认识在实验中所用的直流电机、仪表、变阻器等组件及使用方法。

（3）熟悉直流电动机的接线、起动、改变电机旋转方向与调速的方法。

实验说明

（1）由实验指导人员讲解电机实验的基本要求，实验台各面板的布置及使用方法，注意事项。

（2）认真阅读实验电机的铭牌数据，合理选择仪表量程。

（3）计算基准工作温度下的电枢电阻。由实验测得的电枢绕组电阻值，按下式换算到基准工作温度时的电枢绕组电阻值：

$$R_{\mathrm{aref}} = R_{\mathrm{a}} \frac{235 + \theta_{\mathrm{ref}}}{235 + \theta_{\mathrm{a}}}$$

式中：R_{aref} 为换算到基准工作温度时电枢绕组电阻，Ω；R_{a} 为电枢绕组的实际冷态电阻，Ω；θ_{ref} 为基准工作温度，对于 E 级绝缘为 75℃；θ_{a} 为实际冷态时电枢绕组的温度，取实验室温度，℃。

（4）直流仪表、转速表和变阻器的选择。直流仪表、转速表量程根据电机的额定值和实验中可能达到的最大值来选择；变阻器根据实验要求来选择，并按电流的大小选择串联、并联或串并联的接法。

1）电压量程的选择。如，测量电动机两端为 220V 的直流电压，选用直流电压表为 300V 量程挡。

2）电流量程的选择。因为直流并励电动机的额定电流为 1.1A，测量电枢电流的电流表可选用 2A 量程挡；额定励磁电流小于 0.15A，测量励磁电流的毫安表选用 200mA 量程挡。

3）电机额定转速为 1600r/min，若采用指针表和测速发电机，则选用 1800r/min 量程挡。若采用光电编码器，则不需要量程选择。

4）变阻器的选择。在本实验中，电枢回路调节电阻选用 100Ω/1.22A 变阻器，磁场回路调节电阻选用 3000Ω/200mA 变阻器。

实验设备

（1）电机系统教学实验台主控制屏。

（2）电机导轨及涡流测功机。

（3）转速转矩测量仪。
（4）直流并励电动机。
（5）直流可调稳压电源。
（6）电机起动箱。
（7）直流电压表、直流毫安表、直流电流表。

实验内容

（1）了解电机系统教学实验台中的电源类型、分布、等级，以及变阻器、多量程直流电压表、直流电流表、直流毫安表和直流电动机的使用方法。

（2）用伏安法测电枢绕组的直流电阻，接线原理图如图 2-1-1 所示。

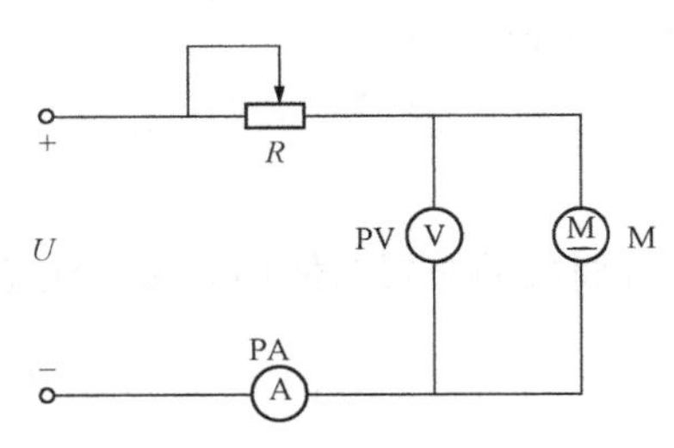

图 2-1-1 伏安法测电枢绕组直流电阻

U—可调直流稳压电源；*R*—磁场回路调节电阻；PV—直流电压表；PA—直流安培表；M—直流电机

1）检查接线无误后，逆时针调节磁场回路调节电阻 *R* 使至最大。直流电压表量程选为 300V 挡，直流电流表量程选为 2A 挡。

2）开启总电源控制开关，依次按下交流电源按钮开关。打开直流可调稳压电源的开关，按下复位按钮，建立直流电源，并调节直流电源输出电压 U_N 为 220V。调节 *R* 使电枢电流达到 0.2A（如果电流太大可能由于剩磁的作用使电机旋转，测量无法进行；如果此时电流太小，可能由于接触电阻产生较大的误差），迅速测取电机电枢电压 U_M 和电枢电流 I_a；将电机转子分别旋转 1/3 和 2/3 周，同样测取 U_M、I_a，填入表 2-1-1 中。

3）增大 *R*（逆时针旋转）使电流分别达到 0.15A 和 0.1A，用上述方法测取六组数据，填入表 2-1-1 中。

取三次测量的平均值作为实际冷态电阻值，即

$$R_a = \frac{R_{a1} + R_{a2} + R_{a3}}{3}$$

表 2-1-1 伏安法测电枢绕组直流电阻实验数据 室温______℃

序号	U_M (V)	I_a (A)	R (Ω)		R_a 平均 (Ω)	R_{aref} (Ω)
1			R_{a11}	R_{a1}		
			R_{a12}			
			R_{a13}			
2			R_{a21}	R_{a2}		
			R_{a22}			
			R_{a23}			
3			R_{a31}	R_{a3}		
			R_{a32}			
			R_{a33}			

注 $R_{a1}=(R_{a11}+R_{a12}+R_{a13})/3$，$R_{a2}=(R_{a21}+R_{a22}+R_{a23})/3$，$R_{a3}=(R_{a31}+R_{a32}+R_{a33})/3$。

（3）直流电动机的起动。

直流他励电动机起动电路的接线图如图 2-1-2 所示。图中，电流源 I_s 由位于转速转矩测试仪上的“转矩设定”电位器进行调节。实验开始时，将转速转矩测试仪上“转速控制”和“转矩控制”选择开关扳向“转矩控制”，“转矩设定”电位器逆时针旋到底。

1）按图 2-1-2 接线，检查直流并励电动机 M、涡流测功机 G 之间是否已用联轴器连接好，电动机导轨和转速转矩测试仪的连接线是否接好，电动机励磁回路接线是否牢靠，仪表的量程、极性是否正确。

2）将电动机电枢回路调节电阻 R_1 调至最大，磁场回路调节电阻 R_f 调至最小，转矩设定电位器逆时针调到底。

3）开启总电源控制开关，依次按下交流电源按钮开关，打开励磁电源开关和可调直流稳压电源开关，按下复位按钮。此时，直流电源的绿色工作发光二极管亮，指示直流电压已建立，旋转电压调节电位器，使可调直流稳压电源输出电压为 220V。

4）减小 R_1 电阻至最小。

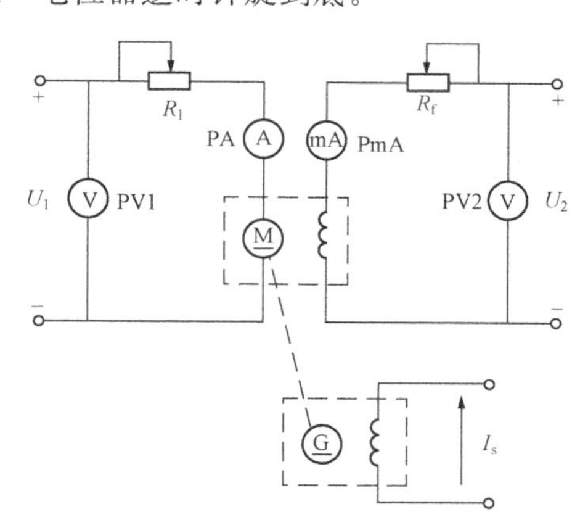

图 2-1-2　直流他励电动机接线图

R_1 —电枢回路调节电阻；R_f —磁场回路调节电阻；M—直流并励电动机；G—涡流测功机；I_s —电流源；U_1 —可调直流稳压电源；U_2 —直流电机励磁电源；PV1—可调直流稳压电源自带电压表；PV2—直流电压表；PA—可调直流稳压电源自带电流表；PmA—毫安表

（4）调节他励电动机的转速。

1）分别改变串入电动机电枢回路的调节电阻 R_1 和励磁回路的调节电阻 R_f。

2）调节转矩设定电位器，注意转矩不要超过 1.1N·m，以上两种情况可分别观察转速变化情况。

（5）改变电动机的转向。将电枢回路调节电阻 R_1 调至最大值，“转矩设定”电位器逆时针调到零，先断开可调直流稳压电源的开关，再断开励磁电源的开关，使他励电动机停机，将电枢或励磁回路的两端接线对调后，再按前述起动电动机，观察电动机的转向及转速表的读数。

实验注意事项

（1）直流他励电动机起动时，必须将励磁回路串联的电阻 R_f 调到最小，先接通励磁电源，使励磁电流最大，同时必须将电枢串联起动电阻 R_1 调至最大，然后方可接通电源，使电动机正常起动。起动后，将起动电阻 R_1 调至最小，使电动机正常工作。

（2）直流他励电动机停机时，必须先切断电枢电源，然后断开励磁电源。同时，必须将电枢串联电阻 R_1 调回最大值，励磁回路串联的电阻 R_f 调到最小值，为下次起动作准备。

（3）测量前注意仪表的量程、极性和接法是否正确。

预习思考题

（1）如何正确选择使用仪器仪表，特别是电压表、电流表量程的选择？

（2）直流他励电动机起动时，为什么要在电枢回路中串联起动变阻器？若不串联会产生什么后果？

（3）直流电动机起动时，励磁回路连接的磁场变阻器应调至什么位置？为什么？励磁回路断开造成失磁时，会产生什么后果？

（4）简述直流电动机调速及改变转向的方法。

实验报告要求

（1）画出直流并励电动机电枢串电阻起动的接线图。说明电动机起动时，起动电阻 R_1 和磁场调节电阻 R_f 应调至的位置和原因。

（2）回答增大电枢回路调节电阻时，电机转速如何变化；增大励磁回路调节电阻时，转速又如何变化。

（3）简述改变直流电动机转向的方法。

（4）为什么要求直流并励电动机磁场回路的接线要牢靠？

实验二 直流发电机

实验目的

（1）掌握利用实验测定直流发电机运行特性的方法，并根据所测得的运行特性评定被测发电机的有关性能。

（2）通过实验观察并励发电机的自励过程和自励条件。

实验说明

1. 直流他励发电机

（1）空载特性：保持 $n=n_N$，使 $I=0$，测取 $U_0=f(I_f)$。

（2）外特性：保持 $n=n_N$，使 $I_f=I_{fN}$，测取 $U=f(I)$。

（3）调节特性：保持 $n=n_N$，使 $U=U_N$，测取 $I_f=f(I)$。

2. 直流并励发电机

（1）观察发电机的自励过程。

（2）测外特性：保持 $n=n_N$，使 $R_{f2}=$ 常数，测取 $U=f(I)$。

3. 直流复励发电机

直流积复励发电机外特性：保持 $n=n_N$，使 $R_f=$ 常数，测取 $U=f(I)$。

实验设备

（1）电机教学实验台主控制屏。

（2）电机导轨、测功机及转矩转速测量仪。

（3）直流并励电动机。

（4）直流复励发电机。

（5）直流可调稳压电源。

（6）直流电压表、直流毫安表、直流安培表。

（7）波形测试及开关板。

（8）三相变阻器（900Ω）。

（9）三相变阻器（90Ω）。

（10）电机起动箱。

实验内容

1. 直流他励发电机

按图 2-2-1 接线。图中，R_{f2} 为 900Ω 变阻器，并采用分压器接法；R_2 为 900Ω 变阻器中间端和下端变阻器，采用串并联接法，阻值为2250Ω（900Ω与900Ω电阻串联加上900Ω与900Ω并联）。调节R_2时应先调节串联部分，当负载电流大于0.4A时用并联部分，并将串联部分阻值调到最小并用导线短接以避免烧毁熔断器。PmA、PA1位于直流电源上。

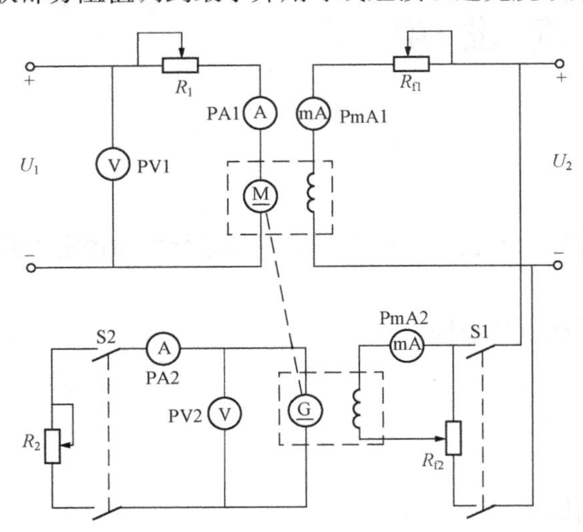

图2-2-1　直流他励发电机接线图

G—直流发电机；M—直流他励电动机；S1、S2—双刀双掷开关；R_1—电枢调节电阻（100Ω/1.22A）；R_2—发电机负载电阻；R_{f1}、R_{f2}—磁场回路调节电阻；PA1、PmA1—直流电流表和直流毫安表；U_1、U_2—可调直流稳压电源和电机励磁电源；PV2—直流电压表（量程为300V挡）；PmA2—直流毫安表（量程为200mA挡）；PA2—直流电流表（量程为2A挡）

（1）空载特性。

1）打开发电机负载开关S2，合上励磁电源开关S1，接通发电机励磁电源，调节R_{f2}，使直流发电机励磁电压最小，PmA2读数最小。此时，注意选择各仪表的量程。

2）调节电动机电枢调节电阻R_1至最大，磁场回路调节电阻R_{f1}至最小，起动可调直流稳压电源（先合上对应的开关，再按下复位按钮，此时，绿色工作发光二极管亮，表明直流电压已正常建立），使电动机旋转。

3）从数字转速表上观察电动机旋转方向，若电动机反转，可先停机，再将电枢或励磁两端接线对调，重新起动，则电动机转向应符合正向旋转的要求。

4）调节电动机电枢电阻R_1至最小值，可调直流稳压电源调至$U_N=220V$，再调节磁场回路调节电阻R_{f1}，使电动机（发电机）转速达到$n_N=1600r/min$（额定值），并在整个实验过程中始终保持此额定转速不变。

5）调节发电机磁场回路调节电阻R_{f2}，使发电机空载电压达U_0为$1.2U_N$。

6）在保持电动机额定转速（$n_N=1600r/min$）条件下，从$U_0=1.2U_N$开始，单方向调节R_{f2}，使发电机励磁电流逐次减小，直至$I_{f2}=0$。

每次测取发电机的空载电压U_0和励磁电流I_{f2}时取8组数据，填入表2-2-1中。其中$U_0=U_N$和$I_{f2}=0$两点必测，并在$U_0=U_N$附近测点应较密。

表2-2-1　　他励直流发电机空载特性实验数据（$n=n_N=1600r/min$）

U_0（V）								
I_{f2}（A）								

（2）外特性。

1）在空载实验后，将发电机负载电阻R_2调到最大值（将900Ω变阻器中间和下端的变阻器逆时针旋转到底），合上负载开关S2。

2）同时调节电动机磁场调节电阻R_{f1}，发电机磁场调节电阻R_{f2}和负载电阻R_2，使发电机的$n=n_N=1600r/min$，$U=U_N(200V)$，$I=I_N(0.5A)$，该点为发电机的额定运行点，其励磁电流称为额定励磁电流 I_{f2}＝____A。

3）在保持 $n=n_N=1600$r/min 和 $I_{f2}=I_{fN}$ 不变的条件下，逐渐增加负载电阻，即减少发电机负载电流，在额定负载到空载运行点范围内，每次测取发电机的电压 U 和电流 I，直到空载（断开开关 S2），共取 8 组数据，填入表 2-2-2 中。其中额定电流和空载两点必测。

表 2-2-2　他励直流发电机外特性实验数据（$n=n_N=1600$r/min，$I_{f2}=I_{fN}$）

U（V）								
I（A）								

（3）调整特性。

1）断开发电机负载开关 S2，调节发电机励磁回路调节电阻 R_{f2}，使发电机空载电压达额定值（$U_N=200$V）。

2）在保持发电机 $n=n_N=1600$r/min 条件下，合上负载开关 S2，调节负载电阻 R_2，逐次增加发电机输出电流 I，同时相应调节发电机励磁电流 I_{f2}，使发电机端电压保持额定值 $U=U_N$，从发电机的空载至额定负载范围内每次测取发电机的输出电流 I 和励磁电流 I_{f2}，共取 8 组数据填入表 2-2-3 中。

表 2-2-3　他励直流发电机调整特性实验数据（$n=n_N=1600$r/min，$U=U_N=200$V）

I（A）								
I_{f2}（A）								

2．直流并励发电机

（1）观察自励过程。

1）按图 2-2-2 接线。PA1、PmA1 位于可调直流电源和励磁电源上；R_{f2} 采用 900Ω 变阻器中两只 900Ω 电阻相串联，并调至最大；R_2 采用 900Ω 变阻器中间端和下端变阻器，采用串并连接法，阻值为 2250Ω；PV1 位于直流可调电源上，PV2 位于挂箱上。

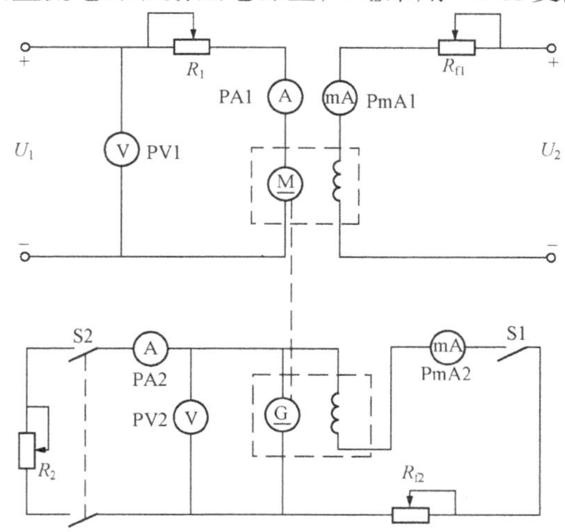

图 2-2-2　直流并励发电机接线图

R_1—电枢调节电阻；PA1、PA2—直流电流表；PmA1、PmA2—直流毫安表；R_2—负载电阻；R_{f1}、R_{f2}—磁场调节变阻器；S1、S2—双刀双掷开关；PV1、PV2—直流电压表

2）断开 S1、S2，按前述方法（他励发电机空载特性实验 b）起动电动机，调节电动机转速，使发电机的转速 $n=n_N=1600$r/min，用直流电压表测量发电机是否有剩磁电压，若无剩磁电压，可将并励绕组改接他励进行充磁。

3）合上开关 S1，逐渐减少 R_{f2}，观察电动机电枢两端电压，若电压逐渐上升，说明满足自励条件，如果不能自励建压，将励磁回路的两个端头对调连接即可。

（2）外特性。

1）在并励发电机电压建立后，调节负载

电阻 R_2 到最大，合上负载开关 S2，调节电动机的磁场调节电阻 R_{f1}，发电机的磁场调节电阻 R_{f2} 和负载电阻 R_2，使发电机 $n=n_N=1600\text{r/min}$，$U=U_N$，$I=I_N$。

2）保证此时 R_{f2} 的值和 $n=n_N=1600\text{r/min}$ 不变的条件下，逐步减小负载，直至 $I=0$，从额定到负载运行范围内，每次测取发电机的电压 U 和电流 I，共取 8 组数据，填入表 2-2-4 中。其中额定电流和空载两点必测。

表 2-2-4　直流并励发电机外特性实验数据（$n=n_N=1600\text{r/min}$，$R_{f2}=$________）

U (V)								
I (A)								

3. 复励发电机

（1）积复励和差复励的判别。

1）接线如图 2-2-3 所示。PA1、PmA1 位于可调直流电源和励磁电源上；R_{f2} 为 900Ω 变阻器中两只 900Ω 电阻相串联，并调至最大；R_2 采用 900Ω 变阻器中间端和下端变阻器，采用串并联接法，阻值为 2250Ω。

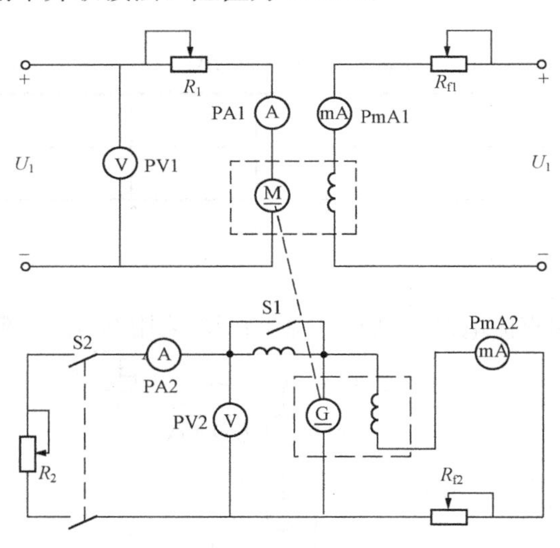

图 2-2-3　直流复励发电机接线图

R_1—电枢调节电阻；PA1、PA2—直流电流表；PmA1、PmA2—直流毫安表；R_2—负载电阻；R_{f1}、R_{f2}—磁场调节变阻器；S1、S2—双刀双掷开关；PV1、PV2—直流电压表

按图接线，先合上开关 S1，将串励绕组短接，使发电机处于并励状态运行，按上述并励发电机外特性试验方法，调节发电机输出电流 $I=0.5I_N$，$n=n_N=1600\text{r/min}$，$U=U_N$。

2）打开短路开关 S1，在保持发电机 n，R_{f2} 和 R_2 不变的条件下，观察发电机端电压的变化，若此电压升高即为积复励，若电压降低为差复励，如要把差复励改为积复励，对调串励绕组接线即可。

（2）积复励发电机的外特性。实验方法与测取并励发电机的外特性相同。先将发电机调到额定运行点，$n=n_N=1600\text{r/min}$，$U=U_N$，$I=I_N$，在保持此时的 R_{f2} 和 $n=n_N=1600\text{r/min}$ 不变的条件下，逐次减小发电机负载电流，直至 $I=0$。从额定负载到空载范围内，每次测取发电机的电压 U 和电流 I，共取 8 组数据，记录于表 2-2-5 中，其中额定电流和空载两点必测。

表 2-2-5　积复励发电机外特性实验数据（$n=n_N=1600\text{r/min}$，$R_{f2}=$常数）

U (V)								
I (A)								

实验注意事项

（1）起动直流电动机时，先将 R_1 调到最大，R_{f1} 调到最小，起动完毕后，再将 R_1 调到最小。

（2）做外特性时，当电流超过 0.4A 时，R_2 中串联的电阻必须调至零，以免损坏。

预习思考题

（1）什么是发电机的运行特性？对于不同的特性曲线，在实验中哪些物理量应保持不变，而应测取哪些物理量。

（2）空载试验时，励磁电流为什么必须单方向调节？

（3）并励发电机的自励条件有哪些？当发电机不能自励时应如何处理？

（4）如何确定复励发电机是积复励还是差复励？

（5）并励发电机不能建立电压有哪些原因？

（6）在发电机—电动机组成的机组中，当发电机负载增加时，为什么机组的转速会变低？为了保持发电机的转速 $n = n_N = 1600\text{r/min}$，应如何调节？

实验报告要求

（1）根据空载实验数据作出空载特性曲线，由空载特性曲线计算出被试直流发电机的饱和系数和剩磁电压的百分数。

（2）在同一张坐标上绘出直流他励、并励和复励发电机的三条外特性曲线，分别算出三种励磁方式的电压变化率，并分析差异的原因。电压变化率的表达式为

$$\Delta U = \frac{U_0 - U_N}{U_N} \times 100\%$$

（3）绘出直流他励发电机调整特性曲线，分析在发电机转速不变的条件下，在负载增加时，要保持端电压不变，必须增加励磁电流的原因。

实验三　直流并励电动机

实验目的

（1）掌握利用实验测取直流并励电动机的工作特性和机械特性方法。

（2）掌握直流并励电动机的调速方法。

实验说明

1. 直流并励电动机的工作特性和机械特性

保持 $U=U_N$ 和 $I_f=I_{fN}$ 不变，测取 n、T_2、$n=f(I_a)$ 及 $n=f(T_2)$

2. 直流并励电动机的调速特性

（1）改变电枢电压调速。保持 $U=U_N$、$I_f=I_{fN}$ =常数，T_2 =常数，测取 $n=f(U_a)$

（2）改变励磁电流调速。保持 $U=U_N$，T_2 =常数，$R_1=0$，测取 $n=f(I_f)$

实验设备

（1）电机教学实验台主控制屏。

（2）电机导轨及涡流测功机、转矩转速测试仪。

（3）可调直流稳压电源（含直流电压表、电流表）。

（4）直流电压表、直流毫安表、直流电流表。

（5）直流并励电动机。

（6）波形测试及开关板。

（7）三相变阻器（900Ω）。

（8）直流电机起动电阻箱。

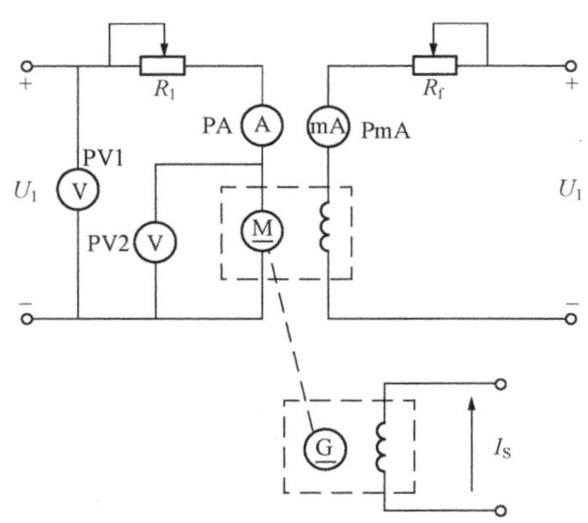

图 2-3-1　直流并励电动机接线图

U_1 —可调直流稳压电源；R_1 —电枢回路调节电阻；R_f—磁场回路调节电阻；PmA—直流毫安表；PA—直流电流表；PV1、PV2—直流电压表；G—涡流测功机；I_s—涡流测功机励磁电流

实验内容

1. 直流并励电动机的工作特性和机械特性

实验线路如图 2-3-1 所示。

（1）将 R_1 调至最大，R_f 调至最小，毫安表 PmA 的量程为 200mA，电流表 PA 的量程为 2A 挡，电压表量程为 300V 挡，检查涡流测功机与转矩转速测试仪是否相连，将转矩转速测试仪“转速控制”和“转矩控制”选择开关板向“转矩控制”，“转矩设定”电位器逆时针旋到底，打开开关，按实验一方法起动直流电源，使电动机旋转，并调整

电动机的旋转方向，使电动机正转。

（2）直流电动机正常起动后，将电枢串联电阻 R_1 调至零，调节直流可调稳压电源的输出至220V，再分别调节磁场调节电阻 R_f 和“转矩设定”电位器，使电动机达到额定值：$U=U_N=220V$，$I_a=I_N$，$n=n_N=1600r/min$。此时，直流电动机的励磁电流 $I_f=I_{fN}$（额定励磁电流）。

（3）保持 $U=U_N=220V$，$I_f=I_{fN}$ 不变的条件下，逐次减小电动机的负载，即逆时针调节“转矩设定”电位器，测取电动机电枢电流 I_a、转速 n 和转矩 T_2，共取数据8组填入表2-3-1中。

表 2-3-1 并励电动机的工作特性和机械特性实验数据（$U=U_N=220V$，$I_f=I_{fN}=$________A）

实验数据	I_a (A)								
	n (r/min)								
	T_2 (N·m)								
计算数据	P_2 (W)								
	P_1 (W)								
	η (%)								
	Δn (%)								

2. 调速特性

（1）改变电枢端电压的调速。

1）按上述方法起动直流电机后，将电阻 R_1 调至零，并同时调节负载，电枢回路电压和磁场回路调节电阻 R_f，使电机的 $U=U_N=220V$，$I_a=0.5I_N$，$I_f=I_{fN}$，记录此时的 $T_2=$____N·m。

2）保持 T_2 不变，$I_f=I_{fN}$ 不变，逐次增加 R_1 的阻值，即降低电枢两端的电压 U_a，R_1 从零调至最大值，每次测取电动机的端电压 U_a，转速 n 和电枢电流 I_a，共取8组数据填入表2-3-2中。

表 2-3-2 并励电动机的降压调速实验数据（$I_f=I_{fN}=$________A，$T_2=$________N·m）

U_a (V)								
n (r/min)								
I_a (A)								

（2）改变励磁电流的调速。

1）直流电动机起动后，将电枢调节电阻 R_1 和磁场调节电阻 R_f 调至零，调节可调直流电源的输出为220V，调节“转矩设定”电位器，使电动机的 $U=U_N=220V$，$I_a=0.5I_N$，$I_f=I_{fN}$，记录此时的 $T_2=$____N·m。

2）保持 T_2 和 $U=U_N=220V$ 不变，逐次增加磁场电阻 R_f 阻值，直至 $n=1.3n_N$，每次测取电动机的 n、I_f 和 I_a，共取8组数据填写入表2-3-3中。

表 2-3-3 并励电动机的弱磁调速实验数据（$U=U_N=220V$，$T_2=$______N·m）

n (r/min)								
I_f (A)								
I_a (A)								

实验注意事项

(1) 测取直流电动机工作特性和机械特性的时候注意保证 $I_f = I_{fN}$。

(2) 调速特性实验注意保持转矩不变。

预习思考题

(1) 什么是直流电动机的工作特性和机械特性?

(2) 直流电动机调速原理是什么?

(3) 并励电动机的速率特性 $n = f(I_a)$ 为什么是略微下降? 是否会出现上翘现象，为什么? 上翘的速率特性对电动机运行有何影响?

(4) 当电动机的负载转矩和励磁电流不变时，减小电枢端压为什么会引起电动机转速降低?

(5) 当电动机的负载转矩和电枢端电压不变时，减小励磁电流会引起转速的升高，为什么?

(6) 并励电动机在负载运行中，当磁场回路断线时是否一定会出现“飞速”? 为什么?

实验报告要求

(1) 由表 2-3-1 计算出 P_2 和 η，并绘出 n、T_2、$\eta = f(I_a)$ 及 $n = f(T_2)$ 的特性曲线。

电动机输出功率为

$$P_2 = 0.105nT_2$$

其中，输出转矩 T_2 的单位为 N·m，转速 n 的单位为 r/min。

电动机输入功率为

$$P_1 = UI$$

电动机效率为

$$\eta = \frac{P_2}{P_1} \times 100\%$$

电动机输入电流为

$$I = I_a + I_{fN}$$

由工作特性求出转速变化率为

$$\Delta n = \frac{n_0 - n_N}{n_N} \times 100\%$$

(2) 绘出并励电动机调速特性曲线 $n = f(U_a)$ 和 $n = f(I_f)$。分析在恒转矩负载时两种调速的电枢电流变化规律及两种调速方法的优缺点。

实验四 单相变压器

实验目的

(1) 通过空载实验和短路实验测定单相变压器的变比和参数。

(2) 通过负载实验测取单相变压器的运行特性。

实验说明

1. 空载实验

测取空载特性 $U_0 = f(I_0)$，$P_0 = f(U_0)$。

2. 短路实验

测取短路特性 $U_k = f(I_k)$，$P_k = f(I_k)$。

3. 负载实验

(1) 纯电阻负载。保持 $U_1 = U_{1N}$，$\cos\varphi_2 = 1$ 的条件下，测取 $U_2 = f(I_2)$。

(2) 阻感性负载。保持 $U_1 = U_{1N}$，$\cos\varphi_2 = 0.8$ 的条件下，测取 $U_2 = f(I_2)$。

实验设备

(1) 电机教学实验台主控制屏。

(2) 三相组式变压器或单相变压器。

(3) 三相变阻器（900Ω）。

(4) 波形测试及开关板。

(5) 三相可调电抗。

实验内容

1. 空载实验

单相变压器空载实验的接线如图 2-4-1。

变压器选用三相组式变压器中的一只或单独的单相变压器。实验时，变压器低压绕组 2U1、2U2 接电源，高压绕组 1U1、1U2 开路。

功率表接线时需注意电压线圈和电流线圈的同名端，避免接错线。

(1) 在三相交流电源断电的条件下，将调压器旋钮逆时针方向旋转到底，并合理选择各仪表量程。

(2) 合上交流电源总开关，顺时针调节调压器旋钮，使变压器空载电压 $U_0 = 1.2U_N$。

(3) 逐次降低电源电压，在 $1.2U_N \sim 0.5U_N$ 的范围内，测取变压器的 U_0、I_0、P_0，共取 7 组数据，记录于表 2-4-1 中。其中，$U_0 = U_N$ 的点必须测，同时该点附近测量取点应

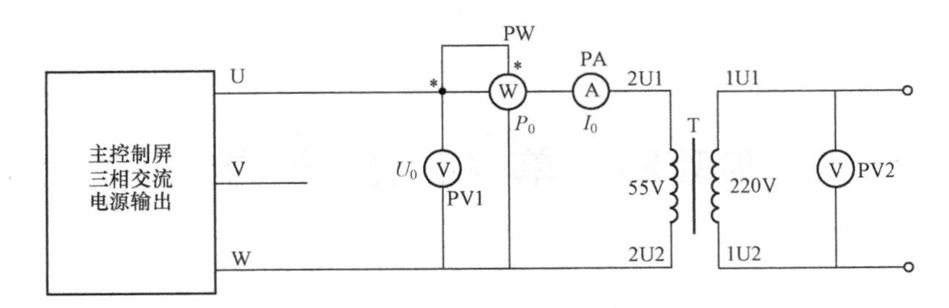

图 2-4-1 单相变压器空载实验接线图

PA—交流电流表；PV1、PV2—交流电压表；PW—功率表

密些。为了计算变压器的变比，在额定电压 U_N 以下测取一次侧电压的同时测取二次侧电压。

（4）测量数据以后，断开三相电源，以便为下次实验作准备。

表 2-4-1 **单相变压器空载实验数据**

序 号	实 验 数 据				计算数据
	U_0（V）	I_0（A）	P_0（W）	U_{20}（V）	$\cos\varphi_0$
1					
2					
3					
4					
5					
6					
7					

2. 短路实验

单相变压器短路实验的接线如图 2-4-2。（每次改接线路时，都要关断电源）

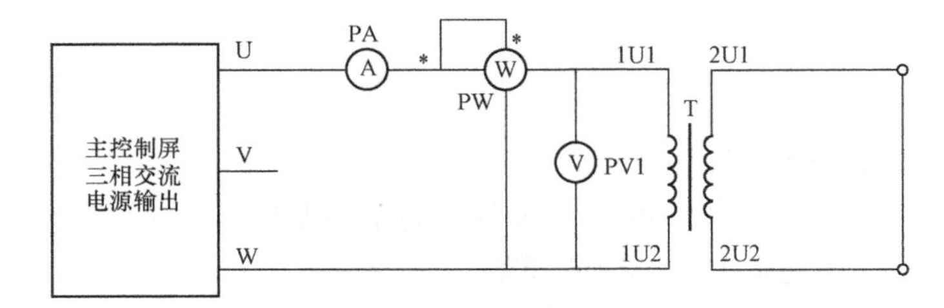

图 2-4-2 单相变压器短路实验接线图

PA—交流电流表；PV1—交流电压表；PW—功率表

实验时，变压器的高压绕组接电源，低压绕组直接短路。各测量仪表的选择方法同空载实验。

（1）断开三相交流电源，将调压器旋钮逆时针方向旋转到底，即使输出电压为零。

（2）合上交流电源开关，接通交流电源，逐次增加输入电压，直到短路电流等于 $1.2I_N$

为止。在 $1.2I_N \sim 0.5I_N$ 范围内测取变压器的短路实验数据 U_k、I_k、P_k，共取 6 组数据记录于表 2-4-2 中，其中，$I_k = I_N$ 的点必测，并记录实验时周围环境温度。

表 2-4-2　　**单相变压器短路实验数据**（室温 θ =______℃）

序　号	实　验　数　据			计算数据
	U_k (V)	I_k (A)	P_k (W)	$\cos\varphi_k$
1				
2				
3				
4				
5				
6				

3. 负载实验

单相变压器负载实验的接线如图 2-4-3 所示。

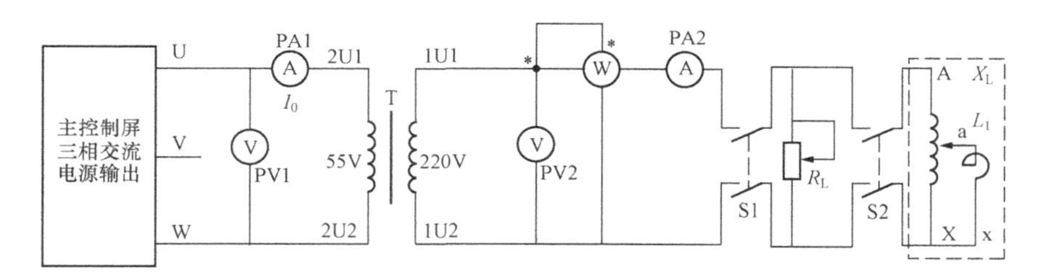

图 2-4-3　单相变压器负载实验接线图

变压器低压绕组接电源，高压绕组经过开关 S1 和 S2 接到负载电阻 R_L 和电抗 X_L 上。R_L 选用两只 900Ω 电阻相串联，X_L 选用专用电抗器。开关 S1、S2 采用开关板上的双刀双掷开关，电压表、电流表、功率表（含功率因数表）的选择同空载实验。

（1）纯电阻负载。

1）未上主电源前，将调压器调节旋钮逆时针调到底，S1、S2 断开，负载电阻值调到最大。

2）合上交流电源，逐渐升高电源电压，使变压器输入电压 $U_1 = U_{1N}$。

3）在保持 $U_1 = U_{1N}$ 的条件下，合下开关 S1，逐渐增加负载电流，即减小负载电阻 R_L 的值，从空载到额定负载范围内，测取变压器的输出电压 U_2 和电流 I_2。

4）测取数据时，$I_2 = 0$ 和 $I_2 = I_{2N}$ 两点必测，共取数据 7 组，记录于表 2-4-3 中。

表 2-4-3　　**单相变压器纯电阻负载实验数据**（$\cos\varphi_2 = 1$，$U_1 = U_{1N}$）

序　号	1	2	3	4	5	6	7
U_2 (V)							
I_2 (A)							

（2）阻感性负载（$\cos\varphi_2=0.8$）（选做）

1）用电抗器 X_L 和 R_L 并联作为变压器的负载，S1、S2 打开，电阻及电抗器调至最大。

2）合上交流电源，调节电源输出使 $U_1=U_{1N}$。

3）合上 S1、S2，在保持 $U_1=U_{1N}$ 及 $\cos\varphi_2=0.8$ 条件下，逐渐增加负载，从变压器空载状态到带额定负载状态的范围内，共测取变压器 U_2 和 I_2 数据 7 组记录于表 2-4-4 中，其中 $I_2=0$ 和 $I_2=I_{2N}$ 两点必测。

表 2-4-4　单相变压器阻感性负载实验数据（$\cos\varphi_2=0.8$，$U_1=U_{1N}$）

序　号	1	2	3	4	5	6	7
U_2（V）							
I_2（A）							

实验注意事项

（1）在变压器实验中，应注意电压表、电流表、功率表的合理布置。

（2）短路实验操作要快，否则绕组发热会引起电阻变化。

预习思考题

（1）变压器的空载和短路实验有什么特点？实验中电源电压一般加在变压器哪一侧较合适？

（2）在空载和短路实验中，各种仪表应怎样连接才能使测量误差最小？

（3）如何用实验方法测定变压器的铁损耗及铜损耗。

实验报告要求

（1）计算变比

由空载实验测取变压器的一、二次侧电压的三组数据，分别计算出变比，然后取其平均值作为变压器的变比 K。

$$K=\frac{U_{20}}{U_0}$$

（2）绘出空载特性曲线和计算励磁参数

1）绘出空载特性曲线 $U_0=f(I_0)$，$P_0=f(U_0)$，$\cos\varphi_0=f(U_0)$。其中，

$$\cos\varphi_0=\frac{P_0}{U_0I_0}$$

2）计算励磁参数。

从空载特性曲线上查出对应于 $U_0=U_N$ 时的 I_0 和 P_0 值，并由下式算出励磁参数

$$R_m=\frac{P_0}{I_0^2}$$

$$Z_m=\frac{U_0}{I_0}$$

$$X_m = \sqrt{Z_m^2 - R_m^2}$$

(3) 绘制短路特性曲线并计算短路参数。

1) 绘出短路特性曲线 $U_k = f(I_k)$，$P_k = f(U_k)$，$\cos\varphi_k = f(U_k)$。

2) 计算短路参数。从短路特性曲线上查出对应于短路电流 $I_k = I_N$ 时的 U_k 和 P_k 值，由下式算出实验环境温度为 θ(℃) 短路参数：

$$Z'_k = \frac{U_k}{I_k}$$

$$R'_k = \frac{P_k}{I_k^2}$$

$$X'_k = \sqrt{Z'^2_k - R'^2_k}$$

折算到低压侧：

$$Z_k = \frac{Z'_k}{K^2}$$

$$R_k = \frac{R'_k}{K^2}$$

$$X_k = \frac{X'_k}{K^2}$$

由于短路电阻 R_k 随温度而变化，因此，计算出的短路电阻应按国家标准换算到基准工作温度 75℃时的阻值。

$$R_{k75℃} = R_{k\theta}\frac{234.5 + 75}{234.5 + \theta}$$

$$Z_{k75℃} = \sqrt{R_{k75℃}^2 + X_k^2}$$

其中，234.5 为铜导线的常数；若用铝导线，常数应改为 228。

$I_k = I_N$ 时的短路损耗 $p_{kN} = I_N^2 R_{k75℃}$

(4) 利用空载和短路实验测定的参数，画出被试变压器折算到低压侧的"Γ"型等效电路。

(5) 变压器的电压变化率 ΔU。绘出 $\cos\varphi_2 = 1$ 和 $\cos\varphi_2 = 0.8$ 两条外特性曲线 $U_2 = f(I_2)$，由特性曲线计算出 $I_2 = I_{2N}$ 时的电压变化率 ΔU。

$$\Delta U = \frac{U_{20} - U_2}{U_{20}} \times 100\%$$

(6) 绘出被试变压器的效率特性曲线。已知

$$\eta = \left(1 - \frac{P_0 + I_2^{*2} p_{kN}}{I_2^* S_N \cos\varphi_2 + P_0 + I_2^{*2} p_{kN}}\right) \times 100\%$$

1) 采用间接法算出 $\cos\varphi_2 = 0.8$ 不同负载电流时的变压器效率，记录于表 2-4-5 中。

表 2-4-5 变压器效率计算数据（$\cos\varphi_2=0.8$，$P_0=$____W，$P_{kN}=$____W）

I_2^*（A）	P_2（W）	η
0.2		
0.4		
0.6		
0.8		
1.0		
1.2		

注 $I_2^* P_N \cos\varphi_2 = P_2$，$P_N$ 为变压器额定容量，P_{kN}为变压器 $I_k=I_N$ 时的短路损耗，P_0 为变压器$U_0=U_N$时的空载损耗。

2）由计算数据绘出变压器的效率曲线 $\eta=f(I_2^*)$。

3）计算被试变压器在 $\eta=\eta_{max}$ 时的负载系数 $\beta_m=\sqrt{\frac{P_0}{P_{kN}}}$。

实验五　三相变压器的联结组

实验目的

（1）掌握用实验方法测定三相变压器的极性。

（2）掌握用实验方法判别变压器的联结组。

实验说明

（1）测定极性。

（2）连接并判定以下联结组。

1）Yy10；

2）Yy6；

3）Yd11；

4）Yd5。

实验设备

（1）电机教学实验台主控制屏。

（2）三相心式变压器。

实验内容

1. 测定极性

（1）测定相间极性。选用三相心式变压器的高压和低压两组绕组，按 Yy 接法连接。高压绕组用 1U1、1V1、1W1、1U2、1V2、1W2 标记。低压绕组用 3U1、3V1、3W1、3U2、3V2、3W2 标记。

1）按照图 2-5-1（a）接线，将 1U1、1U2 和电源 U、V 相连，1V2、1W2 两端点用导线相连。

2）合上交流电源总开关，顺时针调节调压器旋钮，在 U、V 间施加约 50%U_N 的电压。

3）测出电压 $U_{1V1.1W1}$、$U_{1V1.1V2}$、$U_{1W1.1W2}$，若 $U_{1V1.1W1}=|U_{1V1.1V2}-U_{1W1.1W2}|$，则首末

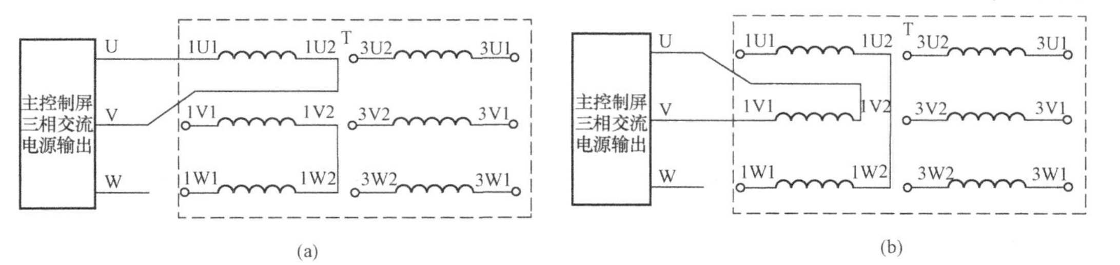

图 2-5-1　测定相间极性接线图

端标记正确；若$U_{1V1.1W1}=|U_{1V1.1V2}+U_{1W1.1W2}|$，则标记不对，须将V、W两相任一相绕组的首末端标记对调。

4）同样方法，按照图2-5-1（b）接线，测$U_{1U1.1W1}$、$U_{1U1.1U2}$，$U_{1W1.1W2}$，标记出U、W。

（2）测定一、二次侧极性。

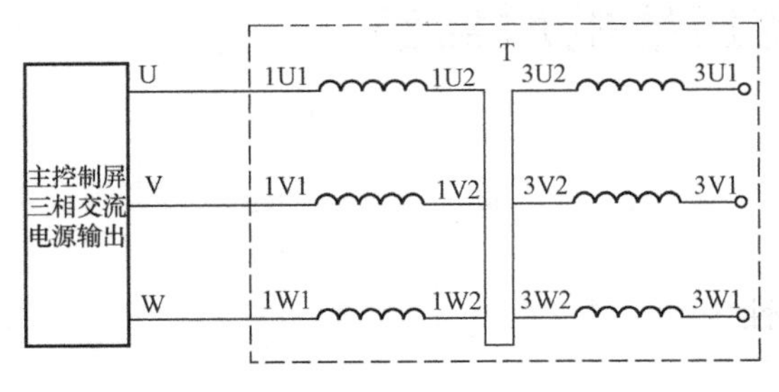

图2-5-2　测定一、二次侧极性接线图

1）暂时标出三相低压绕组的标记3U1、3V1、3W1、3U2、3V2、3W2，然后按照图2-5-2接线。一、二次侧中性点用导线相连。

2）高压三相绕组施加约50%的额定电压，测出电压$U_{1U1.1U2}$、$U_{1V1.1V2}$、$U_{1W1.1W2}$、$U_{3U1.3U2}$、$U_{3V1.3V2}$、$U_{3W1.3W2}$、$U_{1U1.3U1}$、$U_{1V1.3V1}$、$U_{1W1.3W1}$，若$U_{1U1.3U1}=U_{1U1.1U2}-U_{3U1.3U2}$，则U相高、低压绕组同柱，并且首端1U1与3U1点为同极性；$U_{1U1.3U1}=U_{1U1.1U2}+U_{3U1.3U2}$，则1U1与3U1端点为异极性。

3）用同样的方法判别出1V1、1W1两相一、二次侧的极性。高低压三相绕组的极性确定后，根据要求连接出不同的联结组。

2. 检验联结组

（1）Yy0。按照图2-5-3接线。1U1、3U1两端点用导线连接，在高压方施加三相对称的额定电压，测出$U_{1U1.1V1}$、$U_{3U1.3V1}$、$U_{1V1.3V1}$、$U_{1W1.3W1}$、$U_{1V1.3W1}$及$U_{1W1.3V1}$，并记录于表2-5-1中。

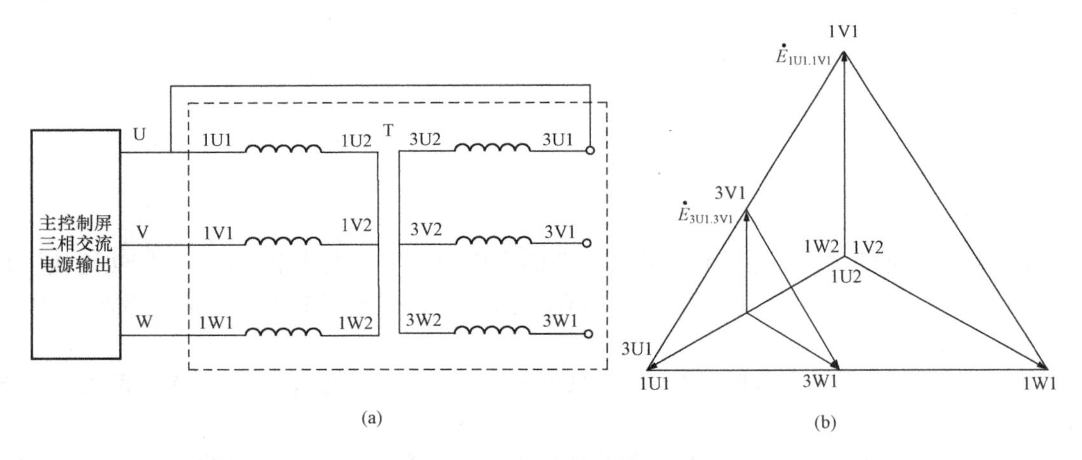

图2-5-3　Yy0联结组接线图

（a）接线图；（b）电动势相量图

表2-5-1　　Yy0联结组测量实验数据

$U_{1U1.1V1}$	$U_{3U1.3V1}$	$U_{1V1.3V1}$	$U_{1W1.3W1}$	$U_{1V1.3W1}$	$U_{1W1.3V1}$

根据Yy0联结组的电动势相量图可知

$$U_{1V1.3V1}=U_{1W1.3W1}=(K_L-1)\,U_{3U1.3V1}$$

$$U_{1V1.3W1}=U_{3U1.3V1}\sqrt{(K_L^2-K_L+1)}$$

$$K_L=\frac{U_{1U1.1V1}}{U_{3U1.3V1}}$$

若计算出的电压 $U_{1U1.1V1}$、$U_{1W1.3W1}$、$U_{1V1.3W1}$ 的数值与实验测取的数值相同，则表示绕组连接正常，属 Yy0 联结组。

（2）Yy6。将 Yy0 联结组的二次绕组首、末端标记对调，1U1、3U2 两点用导线相连，如图 2-5-4 所示。按前面方法测出电压 $U_{1U1.1V1}$、$U_{3U2.3V2}$、$U_{1V1.3V2}$、$U_{1W1.3W2}$、$U_{1V1.3W2}$ 及 $U_{1W1.3V2}$，将数据记录于表 2-5-2 中。

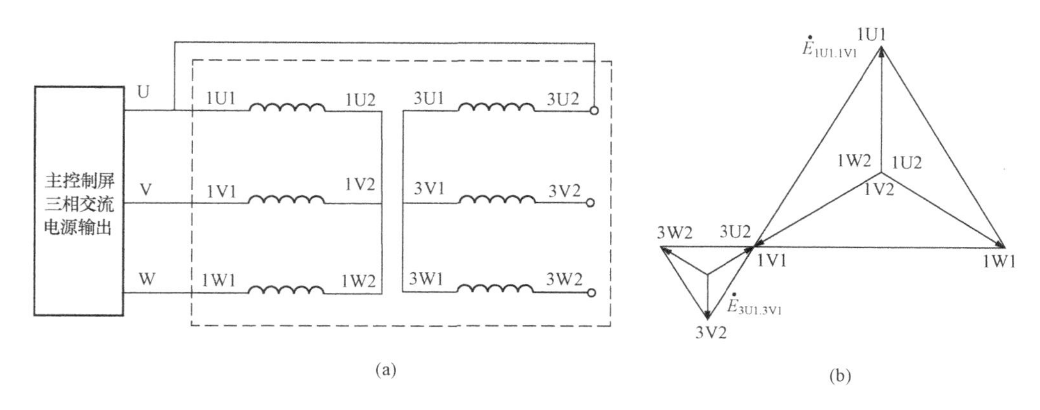

图 2-5-4　Yy6 联结组接线图

（a）接线图；（b）电动势相量图

表 2-5-2　**Yy6 联结组测量实验数据**

$U_{1U1.1V1}$	$U_{3U2.3V2}$	$U_{1V1.3V2}$	$U_{1W1.3W2}$	$U_{1V1.3W2}$	$U_{1W1.3V2}$

根据 Yy6 联结组的电动势相量图可得

$$U_{1V1.3V2}=U_{1W1.3W2}=(K_L+1)U_{3U2.3V2}$$

$$U_{1V1.3W2}=U_{3U2.3V2}\sqrt{(K_L^2+K_L+1)}$$

若由上两式计算出电压 $U_{1U1.1V1}$、$U_{1W1.3W2}$、$U_{1V1.3W2}$ 的数值与实测相同，则绕组连接正确，属于 Yy6 联结组。

（3）Yd11。按图 2-5-5 接线。1U1、3U1 两端点用导线相连，高压侧施加对称额定电压，测取 $U_{1U1.1V1}$、$U_{3U1.3V1}$、$U_{1V1.3V1}$、$U_{1W1.3W1}$、$U_{1V1.3W1}$ 及 $U_{1W1.3V1}$，将数据记录于表 2-5-3 中。

表 2-5-3　**Yd11 联结组测量实验数据**

$U_{1U1.1V1}$	$U_{3U1.3V1}$	$U_{1V1.3V1}$	$U_{1W1.3W1}$	$U_{1V1.3W1}$	$U_{1W1.3V1}$

根据 Yd11 联结组的电动势相量可得

$$U_{1V1.3V1}=U_{1W1.3W1}=U_{1V1.3W1}=U_{3U1.3V1}\sqrt{K_L^2-\sqrt{3}K_L+1}$$

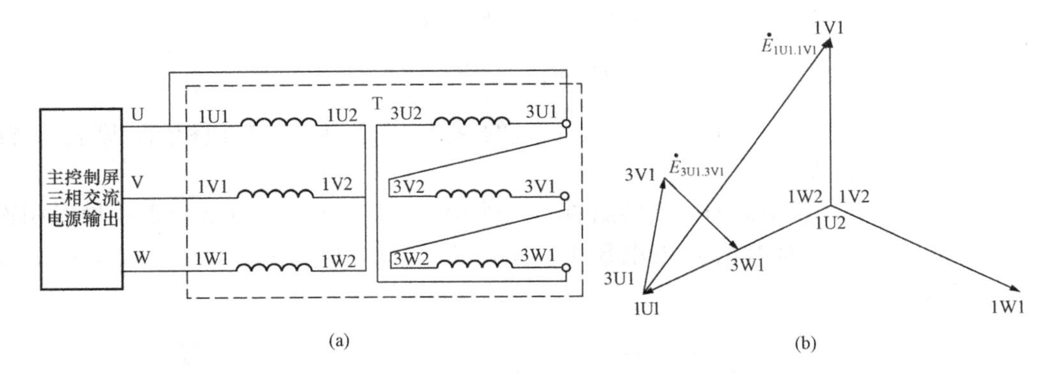

图 2-5-5 Yd11 联结组接线图

（a）接线图；（b）电动势相量图

若由上式计算出的电压 $U_{1V1.3V1}$、$U_{1W1.3W1}$、$U_{1V1.3W1}$ 的数值与实测值相同，则绕组连接正确，属 Yd11 联结组。

（4）Yd5。将 Yd11 联结组的二次侧绕组首、末端的标记对调，如图 2-5-6 所示。

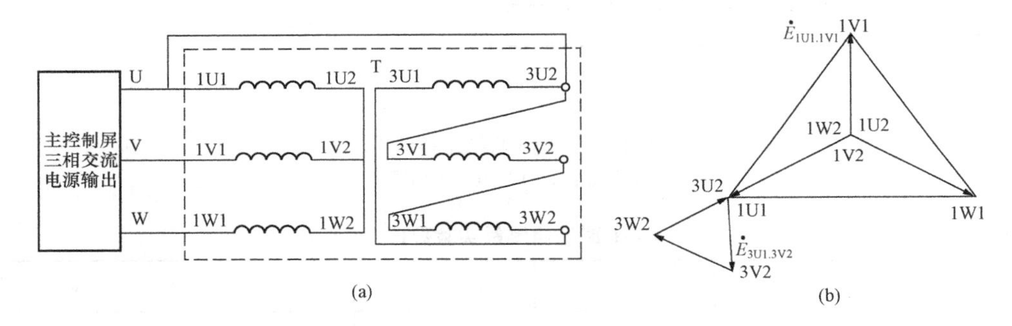

图 2-5-6 Yd5 联结组接线图

（a）接线图；（b）电动势相量图

实验方法同前，测取 $U_{1U1.1V1}$、$U_{3U2.3V2}$、$U_{1V1.3V2}$、$U_{1W1.3W2}$、$U_{1V1.3W2}$ 及 $U_{1W1.3V2}$，将数据记录于表 2-5-4 中。

表 2-5-4　　Yd5 测量实验数据

$U_{1U1.1V1}$	$U_{3U2.3V2}$	$U_{1V1.3V2}$	$U_{1W1.3W2}$	$U_{1V1.3W2}$	$U_{1W1.3V2}$

根据 Yd5 联结组的电动势相量图可得

$$U_{1V1.3V2}=U_{1W1.3W2}=U_{1V1.3W2}=U_{3U2.3V2}\sqrt{K_L^2+\sqrt{3}K_L+1}$$

若由上式计算出的电压 $U_{1U1.3V2}$、$U_{1W1.3W2}$、$U_{1V1.3W2}$ 的数值与实测值相同，则绕组连接正确，属于 Yd5 联结组。

预习思考题

（1）联结组的定义。为什么要研究联结组。国家规定的标准联结组有哪几种。

（2）如何将联结组 Yy0 改成 Yy6 联结组，将 Yd11 改为 Yd5 联结组。

实验报告要求

注意测试极性和组别时不同的电压大小要求。

实验六　单相变压器的并联运行

实验目的

（1）学习变压器投入并联运行的方法。

（2）研究阻抗电压对负载分配的影响。

实验说明

（1）将两台单相变压器投入并联运行。

（2）阻抗电压相等的两台单相变压器并联运行，研究其负载分配情况。

（3）阻抗电压不相等的两台单相变压器并联运行，研究其负载分配情况。

实验设备

（1）电机教学实验台主控制屏。

（2）三相组式变压器。

（3）三相变阻器（90Ω）。

（4）波形测试及开关板。

实验内容

单相变压器并联运行实验电路如图 2-6-1 所示。图中，单相变压器Ⅰ和Ⅱ选用三相组式变压器中任意两台，变压器的高压绕组并联接电源，低压绕组经开关 S1 并联后，再由开关 S3 接负载电阻 R_L。由于负载电流较大，R_L 可采用并串联接法（选用电阻 90Ω 与 90Ω 并联再与 180Ω 串联，共 225Ω 阻值）的变阻器。为了人为地改变变压器Ⅱ的阻抗电压，在其二次侧串入电阻 R（选用电阻 90Ω 与 90Ω 并联的变阻器）。

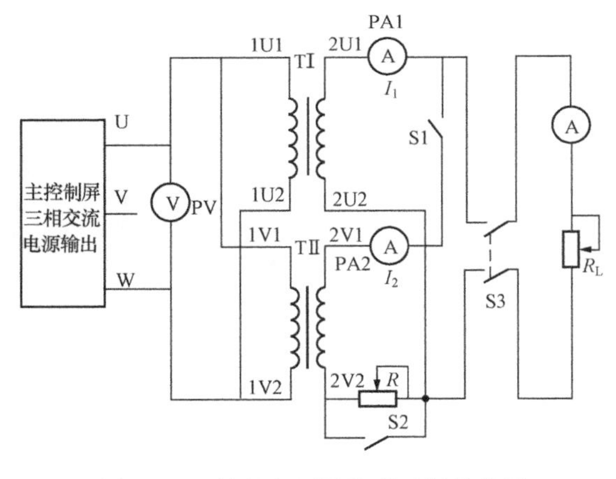

图 2-6-1　单相变压器并联运行接线图

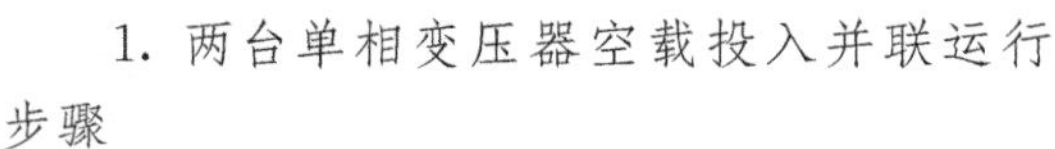

1. 两台单相变压器空载投入并联运行步骤

（1）检查变压器的变比和极性。

1）接通电源前，将开关 S1、S3 打开，合上开关 S2。

2）接通电源后，调节变压器输入电压至额定值，测出两台变压器二次侧电压 $U_{2U1.2U2}$ 和 $U_{2V1.2V2}$，若 $U_{2U1.2U2}=U_{2V1.2V2}$，则两台变压器的变比相等，即 $K_Ⅰ=K_Ⅱ$。

3）测出两台变压器二次侧的2U1与2V1端点之间的电压$U_{2U1.2V1}$，若$U_{2U1.2V1}=U_{2U1.2U2}-U_{2V1.2V2}$，则首端1U1与1V1为同极性端；反之，为异极性端。

（2）投入并联。检查两台变压器的变比相等和极性相同后，合上开关S1，即投入并联。若K_{I}与K_{II}不是严格相等，将会产生环流。

2. 阻抗电压相等的两台单相变压器并联运行

（1）投入并联后，合上负载开关S3。

（2）在保持原方额定电压不变的情况下，逐次增加负载电流，直至其中一台变压器的输出电流达到额定电流为止，测取I、I_{I}、I_{II}，共取6组数据记录于表2-6-1中。

表2-6-1　　阻抗电压相等的并联变压器实验数据

序号	I_{I}（A）	I_{II}（A）	I（A）
1			
2			
3			
4			
5			
6			

3. 阻抗电压不相等的两台单相变压器并联运行

打开短路开关S2，变压器Ⅱ的二次侧串入电阻R，R数值可根据需要调节（一般取5～10Ω），重复前面实验测出I、I_{I}、I_{II}，共取5～6组数据，记录于表2-6-2中。

表2-6-2　　阻抗电压不相等的并联变压器实验数据

序号	I_{I}（A）	I_{II}（A）	I（A）
1			
2			
3			
4			
5			
6			

预习思考题

（1）单相变压器并联运行的条件。

（2）如何验证两台变压器具有相同的极性。

（3）阻抗电压对负载分配的影响。

实验报告要求

(1) 根据实验内容 2 的数据，画出负载分配曲线 $I_{\mathrm{I}} = f(I)$ 及 $I_{\mathrm{II}} = f(I)$。

(2) 根据实验内容 3 的数据，画出负载分配曲线 $I_{\mathrm{I}} = f(I)$ 及 $I_{\mathrm{II}} = f(I)$。

(3) 分析实验中阻抗电压对负载分配的影响。

实验七　三相笼型异步电动机的工作特性

实验目的

（1）掌握三相笼型异步电动机的空载、短路和负载试验的方法。

（2）用直接负载法测取三相笼型异步电动机的工作特性。

（3）测定三相笼型异步电动机的参数。

实验说明

（1）测量定子绕组的冷态直流电阻。

（2）判定定子绕组的首末端。

（3）三相笼型异步电动机空载试验。

（4）三相笼型异步电动机短路试验。

（5）三相笼型异步电动机负载试验。

实验设备

（1）电机教学实验台主控制屏。

（2）电机导轨及测功机、矩矩转速测量仪。

（3）直流电压表、毫安表、电流表。

（4）三相变阻器（900Ω）。

（5）波形测试及开关板。

（6）三相笼型异步电动机。

实验内容

1. 测量定子绕组的冷态直流电阻。

将电动机在室内放置一段时间，用温度计测量电动机绕组端部或铁芯的温度。当所测温度与冷动介质温度之差不超过2K时，即为实际冷态。记录此时的温度和测量定子绕组的直流电阻值，即为冷态直流电阻。

（1）伏安法。测量线路如图2-7-1。

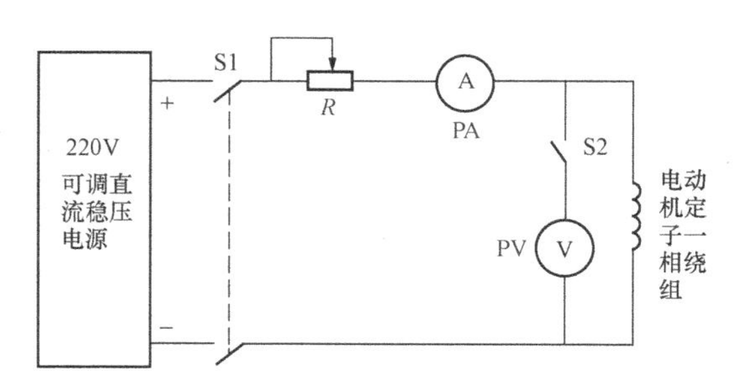

图2-7-1　定子绕组冷态直流电阻的测定

S1—双刀双掷；S2—单刀双掷开关；

R—四只900Ω和900Ω电阻相串联；

PA—直流毫安表；PV—直流电压表

测量时，通过的测量电流约为电动机额定电流的10%，即为50mA，因而直流毫安表的量程用200mA挡。三相笼型异步电动机定子一相绕组的电阻约为50Ω，因而当流过的电流为 50mA 时三相端电压约为 2.5V，所以直流电压表量程用 20V 挡。实验开始前，合上开关 S1，断开开关 S2，调节电阻 R 至最大（3600Ω）。

分别合上总电源按钮开关和 220V 直流可调电源的船形开关，按下复位按钮，调节直流可调电源及变阻器 R，使试验电动机电流不超过电动机额定电流的 10%，以防止因试验电流过大而引起绕组的温度上升。读取电流值，再接通开关 S2 读取电压值。读数完毕后，先打开开关 S2，再打开开关 S1。

调节 R 使电流表分别为 50、40、30mA，分别测取三次，并取其平均值，测量定子三相绕组的冷态直流电阻值，记录于表 2-7-1 中。

表 2-7-1 定子绕组的冷态直流电阻实验数据 室温____℃

实验数据	绕组Ⅰ			绕组Ⅱ			绕组Ⅲ		
I（mA）									
U（V）									
R（Ω）									

（2）电桥法（选做）。用单臂电桥测量电阻时，应先将刻度盘旋到电桥能大致平衡的位置，然后再按下电池按钮接通电源，待电桥中的电源达到稳定后，方可按下检流计按钮接入检流计。测量完毕后，应先断开检流计，再断开电源，以免检流计受到冲击。电桥法测定子绕组直流电阻准确度及灵敏度高，并有直接读数的优点。实验数据于表 2-7-2 中。

表 2-7-2 电桥法测定子绕组冷态直流电阻实验数据

定子绕组冷态直流电阻	绕组Ⅰ	绕组Ⅱ	绕组Ⅲ
R（Ω）			

2. 判定定子绕组的首末端

先用万用表测出各相绕组的两个线端，将其中的任意两相绕组串联，如图 2-7-2 所示。

将调压器调压旋钮退至零位，合上电源按钮开关，接通交流电源。调节交流电源，在绕组端施以单相低电压 U＝80～100V，注意电流不应超过额定值，测出第三相绕组的电压。如测得的电压有一定读数，表示两相绕组的末端与首端相连，如图 2-7-2（a）所示；反之，如测得电压近似为零，则二相绕组的末端与末端（或首端与首端）相连，如图 2-7-2（b）所

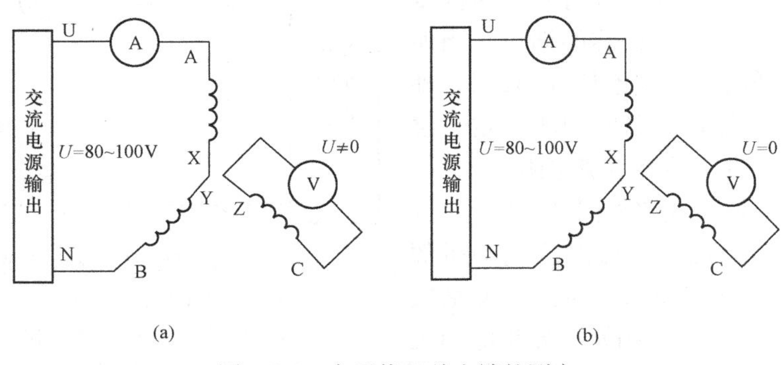

图 2-7-2 定子绕组首末端的测定

示。用同样方法测定出第三相绕组的首末端。

3. 空载实验

测量电路如图 2-7-3 所示。电动机绕组为△形接法（U_N=220V），且电动机不与测功机同轴连接，即不带测功机。

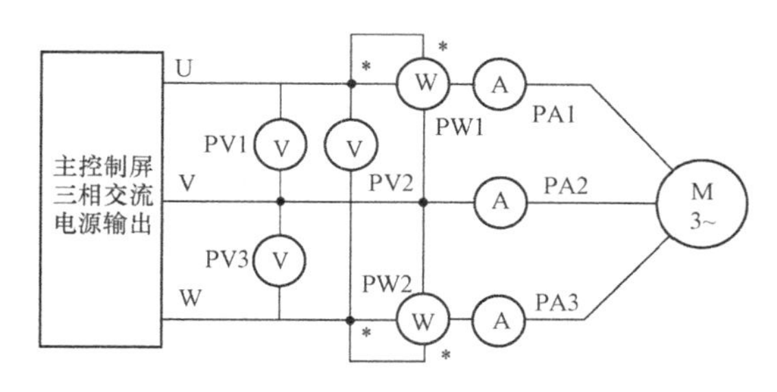

图 2-7-3　三相笼型异步电动机实验接线图

（1）起动电压前，将交流电压调节旋钮退至零位，然后接通电源，逐渐升高电压，使电动机起动旋转，观察电动机旋转方向，并使电动机旋转方向符合要求。

（2）保持电动机在额定电压下空载运行数分钟，使机械损耗达到稳定后再进行试验。

（3）调节电压由 1.2 倍额定电压开始逐渐降低电压，直至电流或功率显著增大为止。在这范围内读取空载电压、空载电流、空载功率。

（4）在测取空载实验数据时，$U_0=U_N$ 必测，在额定电压附近多测几点，共取数据 7 组记录于表 2-7-3 中。

表 2-7-3　　三相笼型异步电动机空载实验数据

序号	U（V）				I（A）				P（W）			$\cos\varphi_0$
	U_{AB}	U_{BC}	U_{CA}	U_0	I_A	I_B	I_C	I_0	P_{I}	P_{II}	P_0	
1												
2												
3												
4												
5												
6												
7												

4. 短路实验

测量线路如图 2-7-3 所示。将测功机和三相笼型异步电动机同轴连接。

（1）将起子插入测功机堵转孔中，使测功机定转子堵住。将三相调压器退至零位。

（2）合上交流电源，调节调压器使之逐渐升压至短路电流到 $1.2I_N$，再逐渐降压至 $0.3I_N$ 为止。

（3）在这范围内读取短路电压、短路电流、短路功率，共取 6 组数据，其中 $I_k=I_N$ 必测，填入表 2-7-4 中。实验完毕后，注意取出测功机堵转孔中的起子。

表 2-7-4　　三相笼型异步电动机短路实验数据

序号	U（V）				I（A）				P（W）			$\cos\varphi_k$
	U_{AB}	U_{BC}	U_{CA}	U_k	I_A	I_B	I_C	I_k	$P_{Ⅰ}$	$P_{Ⅱ}$	P_k	
1												
2												
3												
4												
5												
6												

5. 负载实验

选用设备和测量接线同空载实验。实验开始前，转速转矩测量仪中的“转速控制”和“转矩控制”选择开关扳向“转矩控制”，“转矩设定”旋钮逆时针到底。

（1）合上交流电源，调节调压器使之逐渐升压至额定电压，并在试验中保持此额定电压不变。

（2）调节测功机“转矩设定”旋钮使之加载，使异步电动机的定子电流逐渐上升，直至电流上升到 1.25 倍额定电流。

（3）逐渐减小负载直至空载，在这范围内读取异步电动机的定子电流、输入功率、转速、转矩等数据，共读取 6 组数据，记录于表 2-7-5 中。

表 2-7-5　　三相笼型异步电动机负载实验数据（U_N=220V、△形）

序号	I(A)				P(W)			T_2（N·m）	n（r/min）	P_2(W)
	I_A	I_B	I_C	I_1	$P_{Ⅰ}$	$P_{Ⅱ}$	P_1			
1										
2										
3										
4										
5										
6										

实验注意事项

（1）在测量时，电动机的转子须静止不动。

（2）测量通电时间不应超过 1min。

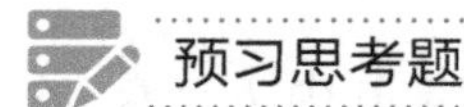

预习思考题

（1）异步电动机的工作特性有哪些？

（2）异步电动机的等效电路有哪些参数？它们的物理意义是什么？

（3）工作特性和参数的测定方法有哪些？

（4）由空载、短路实验数据求取异步电机的等效电路参数时，有哪些因素会引起误差？

（5）从短路试验数据可以得出哪些结论？

实验报告要求

（1）计算基准工作温度时的相电阻。由实验直接测得每相电阻值，此值为实际冷态电阻值，冷态温度为室温。按下式换算到基准工作温度时的定子绕组相电阻，即

$$R_{\text{lef}} = R_{\text{lc}} \frac{235 + \theta_{\text{ref}}}{235 + \theta_{\text{C}}}$$

式中：R_{lef}为换算到基准工作温度时定子绕组的相电阻，Ω；R_{lc}为定子绕组的实际冷态相电阻，Ω；θ_{ref}为基准工作温度，对于 E 级和 B 级绝缘为 75℃；θ_{c} 为实际冷态时定子绕组的温度，℃。

（2）做空载特性曲线：$I_0 = f(U_0)$、$P_0 = f(U_0)$、$\cos\varphi_0 = f(U_0)$。

（3）做短路特性曲线：$I_{\text{k}} = f(U_{\text{k}})$、$P_{\text{k}} = f(U_{\text{k}})$、$\cos\varphi_{\text{k}} = f(U_{\text{k}})$。

（4）由空载、短路实验的数据求三相异步电动机等效电路的参数。

1）由短路实验数据求短路参数。

短路阻抗　$$Z_{\text{k}} = \frac{U_{\text{k}}}{I_{\text{k}}}$$

短路电阻　$$R_{\text{k}} = \frac{P_{\text{k}}}{3I_{\text{k}}^2}$$

短路电抗　$$X_{\text{k}} = \sqrt{Z_{\text{k}}^2 - R_{\text{k}}^2}$$

其中，U_{k}，I_{k}，P_{k} 由短路特性曲线上查得，相应于 I_{k} 为额定电流时的相电压、相电流、三相短路功率。

转子电阻的折合值　$$R'_2 \approx R_{\text{k}} - R_1$$

定、转子漏抗　$$X'_{1\sigma} \approx X'_{2\sigma} \approx \frac{X_{\text{k}}}{2}$$

2）由空载实验数据求励磁回路参数。

空载阻抗　$$Z_0 = \frac{U_0}{I_0}$$

空载电阻　$$R_0 = \frac{P_0}{3I_0^2}$$

空载电抗　$$X_0 = \sqrt{Z_0^2 - R_0^2}$$

其中，U_0、I_0、P_0 相应于 U_0 为额定电压时的相电压、相电流、三相空载功率。

励磁电抗　$$X_{\text{m}} = X_0 - X_{1\sigma}$$

励磁电阻　$$R_{\text{m}} = \frac{P_{\text{Fe}}}{3I_0^2}$$

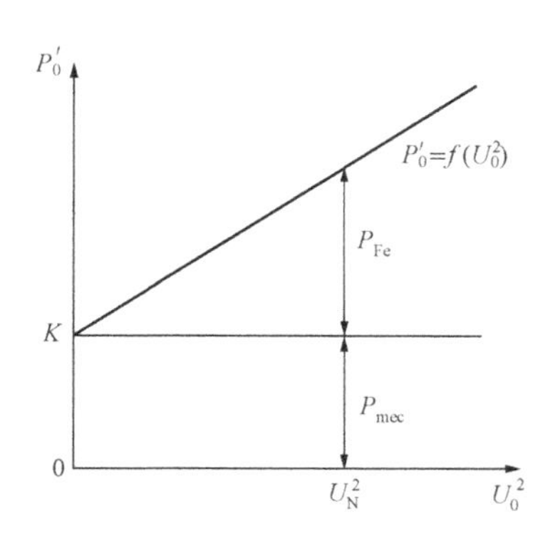

图 2-7-4　三相笼型异步电动机中的铁耗和机械损耗

式中：P_{Fe}为额定电压时的铁耗，由图 2-7-4 确定。

（5）做工作特性曲线 $P_1 = f(P_2)$、$I_1 = f(P_2)$、n

$=f(P_2)$、$\eta=f(P_2)$、$s=f(P_2)$、$\cos\varphi_1=f(P_2)$。

由负载实验数据计算工作特性，填入表 2-7-6 中。

表 2-7-6 三相笼型异步电动机负载实验计算数据（$U_N=220V$、定子绕组△形连接）

序号	电动机输入		电动机输出		计算值			
	I_1（A）	P_1（W）	T_2（N·m）	n（r/min）	P_2（W）	s（%）	η（%）	$\cos\varphi_1$
1								
2								
3								
4								
5								
6								

已知计算公式为

$$I_1=\frac{I_A+I_B+I_C}{3\sqrt{3}}$$

$$s=\frac{1500-n}{1500}\times 100\%$$

$$\cos\varphi_1=\frac{P_1}{3U_1I_1}$$

$$P_2=0.105nT_2$$

$$\eta=\frac{P_2}{P_1}\times 100\%$$

实验八　三相异步电动机的起动与调速

实验目的

通过实验掌握异步电动机起动和调速的方法。

实验说明

（1）三相异步电动机的直接起动。

（2）三相异步电动机星形/三角形（Y/△）换接起动。

（3）自耦变压器起动。

（4）三相绕线式异步电动机转子绕组串入可变电阻器起动。

（5）三相绕线式异步电动机转子绕组串入可变电阻器调速。

实验设备

（1）电机系统教学实验台主控制屏。

（2）指针式交流电流表。

（3）电机导轨及测功机、转矩转速测量仪。

（4）电机起动箱。

（5）三相笼型异步电动机。

（6）三相绕线式异步电动机。

实验内容

1. 三相笼型异步电动机直接起动试验

按图 2-8-1 接线，电动机定子绕组为△形接法。起动前，将转矩转速测量仪中“转矩设定”电位器旋钮逆时针调到底，“转速控制”与“转矩控制”选择开关扳向“转矩控制”，检查电机导轨和转矩转速测量仪的连接是否良好。

交流电压表为数字式或指针式均可，交流电流表则为指针式。

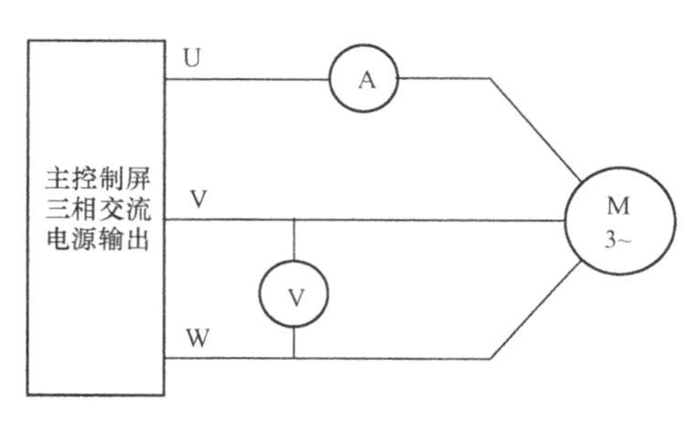

图 2-8-1　三相笼型异步电动机直接起动

1）将三相交流电源调节旋钮逆时针调到底，合上电源按钮开关。调节调压器，使输出电压达电动机额定电压 220V，使电动机起动旋转。电动机起动后，观察转矩转速测量仪中的转速表，如出现电动机转向不符合要求，则需切断电源，调整相序，再重新起动电机。

2）断开三相交流电源，待电动机完全停止旋转后，接通三相交流电源，使电动机全压起动，观察电动机起动瞬间电流值。

注：按指针式电流表偏转的最大位置所对应的读数值计量。电流表受起动电流冲击，电流表显示的最大值虽不能完全代表起动电流的读数，但用其可与下面几种起动方法的起动电流作定性的比较。

3）断开三相交流电源，将调压器退到零位。用螺钉旋具插入测功机堵转孔中，将测功机定转子堵住。

4）合上三相交流电源，调节调压器，观察电流表，使电动机电流达 2～3 倍额定电流，读取电压值 U_k、电流值 I_k、转矩值 T_k，填入表 2-8-1 中。注意：试验时通电时间不应超过 10s，以免电动机绕组过热。

对应于额定电压的起动转矩 T_{st} 和起动电流 I_k 比按下式计算

$$T_{st}=\left(\frac{I_{st}}{I_k}\right)^2 T_k$$

式中：I_k 为起动试验时的电流值，A；T_k 为起动试验时的转矩值，N・m。

$$I_{st}=\left(\frac{U_N}{U_k}\right)I_k$$

式中：U_k 为起动试验时的电压值，V；U_N 为电动机额定电压，V。

表 2-8-1 三相笼型异步电动机直接起动实验数据

测量值			计算值	
U_k（V）	I_k（A）	T_k（N・m）	T_{st}（N・m）	I_{st}（A）

2. 星形/三角形起动

按图 2-8-2，电压表、电流表的选择同前，开关 S 选用波形测试及开关板中的一个。

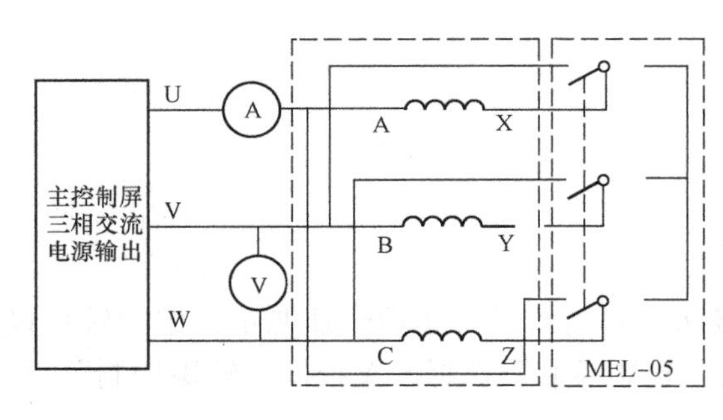

图 2-8-2 异步电动机星形/三角形起动

（1）起动前，将三相调压器退到零位，三刀双掷开关合向右边 Y 形接法。合上电源开关，逐渐调节调压器，使输出电压升高至电动机额定电压 U_N＝220V，断开电源开关，待电动机停转。

（2）待电动机完全停转后，合上电源开关，观察起动瞬间的电流，然后把 S 合向左边（△形接法），电动机进入正常运行，整个起动过程结束，观察起动瞬间电流表的显示值以与其他起动方法作定性比较。

3. 自耦变压器降压起动

按图 2-8-1 接线。电动机绕组为 △形接法。

（1）先将调压器退到零位，合上电源开关，调节调压器旋钮，使输出电压达 110V，断开电源开关，待电动机停转。

（2）待电动机完全停转后，再合上电源开关，使电动机就自耦变压器降压起动。观察电流表的瞬间读数值，经一定时间后，调节调压器使输出电动机达电机额定电压 $U_N=220V$，整个起动过程结束。

4. 三相绕线式异步电动机转子绕组串入可变电阻器起动

实验线路如图 2-8-3，电动机定子绕组 Y 形接法。转子串入的电阻由刷形开关来调节，调节电阻采用电动机起动箱的绕线电动机起动电阻（分为 0、2、5、15、∞五挡），转矩转速测量仪中“转矩控制”和“转速控制”开关扳向“转速控制”，“转速设定”电位器旋钮顺时针调节到底。

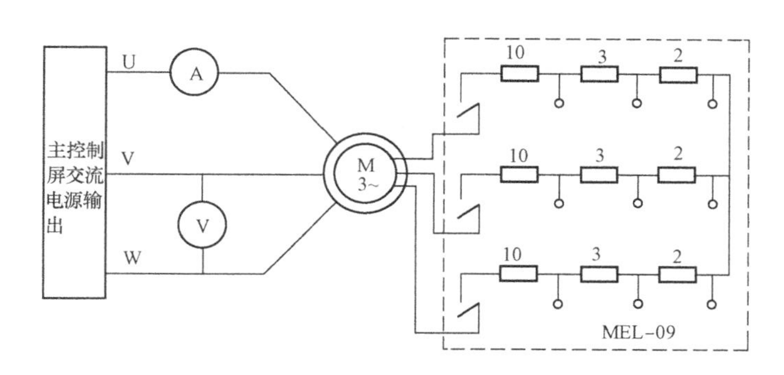

图 2-8-3　三相绕线式异步电动机转子绕组串电阻起动

（1）起动电源前，将调压器退至零位，起动电阻调节为零。

（2）合上交流电源，调节交流电源使电动机起动。注意电动机转向是否符合要求。

（3）在定子电压为 180V 时，逆时针调节“转速设定”电位器到底，绕线式电动机转动缓慢（只有几十转），读取此时的转矩值 T_{st} 和起动电流 I_{st}。

（4）用刷形开关切换起动电阻，分别读出起动电阻为 2、5、15Ω 的起动转矩 T_{st} 和起动电流 I_{st}，填入表 2-8-2 中。

注意：实验时通电时间不应超过 20s 以免绕组过热。

表 2-8-2　**三相绕线式异步电动机起动实验数据**（$U=180V$）

R_{st}（Ω）	0	2	5	15
T_{st}（N·m）				
I_{st}（A）				

5. 三相绕线式异步电动机绕组串入可变电阻器调速

该实验线路同图 2-8-3。转矩转速测量仪中“转矩控制”和“转速控制”选择开关扳向“转矩控制”，“转矩设定”电位器逆时针到底，“转速设定”电位器顺时针到底。电动机起动箱中“绕线电机起动电阻”调节到零。

（1）合上电源开关，调节调压器输出电压至 $U_N=220V$，使电动机空载起动。

（2）调节“转矩设定”电位器调节旋钮，使电动机输出功率接近额定功率并保持输出转矩 T_2 不变，改变转子附加电阻，分别测出对应的转速，记录于表 2-8-3 中。

表 2-8-3 三相绕线式异步电动机转子串电阻调速实验数据（U_N=220V，T_2=____ N·m）

R_{st}（Ω）	0	2	5	15
n（r/min）				

预习思考题

（1）三相异步电动机有哪些起动方法和起动技术指标？

（2）三相异步电动机的调速方法有哪些？

（3）起动电流和外施电压正比，起动转矩和外施电压的平方成正比在什么情况下才能成立？

（4）三相异步电动机起动时的实际情况和上述假定是否相符，不相符的主要因素是什么？

实验报告要求

（1）比较三相异步电动机不同起动方法的优缺点。

（2）由三相异步电动机起动实验数据求下述三种情况下的起动电流和起动转矩：

1）外施额定电压 U_N，直接法起动；

2）外施电压为 $U_N/\sqrt{3}$，Y/△起动；

3）外施电压为 U_N/K_A（K_A 为起动用自耦变压器的变比），自耦变压器起动。

（3）三相绕线式异步电动机转子绕组串入电阻对起动电流和起动转矩的影响。

（4）三相绕线式异步电动机转子绕组串入电阻对电动机转速的影响。

实验九　三相同步发电机的运行特性

实验目的

（1）用实验方法测量三相同步发电机在对称负载下的运行特性。

（2）由实验数据计算三相同步发电机在对称运行时的稳态参数。

实验说明

（1）测定电枢绕组实际冷态直流电阻。

（2）空载试验：在 $n=n_N$、$I=0$ 的条件下，测取同步发电机空载特性曲线 $U_0=f(I_f)$。

（3）三相短路实验：在 $n=n_N$、$U=0$ 的条件下，测取同步发电机三相短路特性曲线 $I_k=f(I_f)$。

（4）纯电感负载特性：在 $n=n_N$、$I=I_N$、$\cos\varphi\approx0$ 的条件下，测取同步发电机纯电感负载特性曲线 $U=f(I_f)$。

（5）外特性：在 $n=n_N$、$I_f=$常数、$\cos\varphi=1$ 和 $\cos\varphi=0.8$（滞后）的条件下，测取同步发电机外特性曲线 $U=f(I)$。

（6）调节特性：在 $n=n_N$、$U=U_N$、$\cos\varphi=1$ 的条件下，测取同步发电机调节特性曲线 $I_f=f(I)$。

实验设备

（1）电机系统教学实验台主控制屏。

（2）电机导轨及测功机，转矩转速测量仪。

（3）同步电机励磁电源。

（4）三相变阻器（900Ω）。

（5）直流电机起动箱。

（6）波形测试及开关板。

（7）自耦调压器、电抗器。

（8）三相同步电机。

（9）直流并励电动机。

实验内容

1. 测定电枢绕组实际冷态直流电阻

被试电机采用三相凸极式同步电机。测量与计算方法参见实验 2-7-1。室温、测量数据记录于表 2-9-1 中。

表 2-9-1 **同步电机电枢绕组测量数据**（θ=________℃）

实验数据	绕组Ⅰ	绕组Ⅱ	绕组Ⅲ
I(mA)			
U(V)			
R(Ω)			

2. 空载试验

按图 2-9-1 接线，直流电动机按他励方式连接，拖动三相同步发电机旋转，发电机的定子绕组为 Y 形接法（U_N=220V）。同步发电机励磁电源为 0～2.5A 可调的恒流源。需注意，切不可将恒流源输出开路。交流电压表、交流电流表、功率表接法可参考实验七三相笼型异步电动机的实验接线。

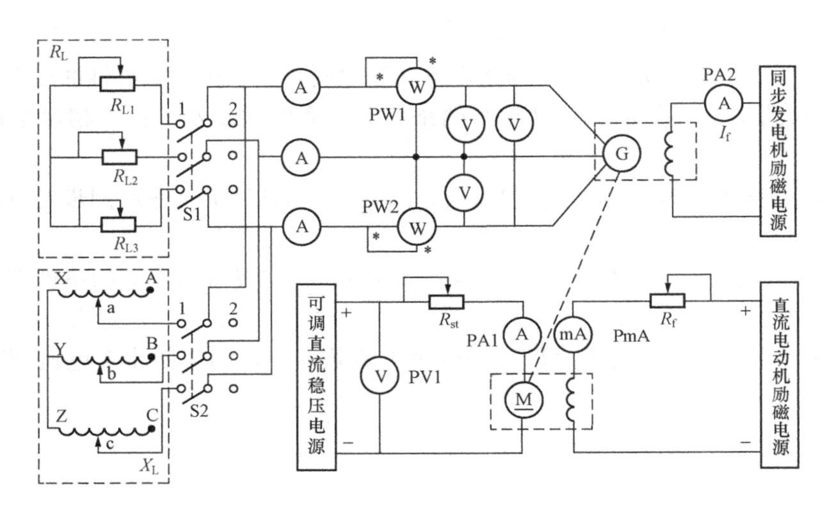

图 2-9-1 三相同步发电机运行特性实验接线图

R_f—电机起动箱中的 3000Ω 磁场调节电阻；R_{st}—电机起动箱中的 100Ω 电枢调节电阻；

R_L—三相变阻器 900Ω 中三相变阻器串联；X_L—三相可变电抗；

S1、S2—波形测试及开关板中的三刀双掷开关；

PV1—直流电压表；PA1—直流电流表；PmA—直流毫安表

实验步骤如下：

（1）接通电源前，将同步电机励磁电源调节旋钮逆时针到底，直流电机磁场调节电阻 R_f 调至最小，电枢调节电阻 R_{st} 调至最大，开关 S1、S2 板向“2”位置（断开位置）。

（2）按下交流按钮开关，合上直流电机励磁电源和电枢电源开关，启动直流电机。调节 R_{st} 至最小，并调节可调直流稳压电源（电枢电压）和磁场调节电阻 R_f，使直流电机转速达到同步发电机的额定转速 1500r/min 并保持恒定。

（3）合上同步发电机励磁电源船形开关，调节同步发电机励磁电流 I_f（注意必须单方向调节），使 I_f 单方向递增至发电机输出电压 $U_0 \approx 1.3U_N$ 为止。在这范围内读取同步发电机励磁电流 I_f 和相应的空载电压 U_0，测取 8 组数据填入表 2-9-2 中。

表 2-9-2　　同步发电机空载电压升实验数据（$n=n_N=1500$r/min，$I=0$）

序　号	1	2	3	4	5	6	7	8
U_0（V）								
I_f（A）								

（4）减小同步发电机励磁电流，使 I_f 单方向减至零值为止，读取励磁电流 I_f 和相应的空载电压 U_0，共测取 8 组数据填入表 2-9-3 中。

表 2-9-3　　同步发电机空载电压降实验数据（$n=n_N=1500$r/min，$I=0$）

序　号	1	2	3	4	5	6	7	8
U_0(V)								
I_f(A)								

实验说明：在用实验方法测定同步发电机的空载特性时，由于转子磁路中剩磁情况的不同，当单方向改变励磁电流 I_f 从零到某一最大值，再反过来由此最大值减小到零时将得到上升和下降的两条不同曲线。这两条曲线，反映了铁磁材料中的磁滞现象。测定参数时使用下降曲线，其最高点取 $U_0\approx1.3U_N$，如剩磁电压较高，可延伸曲线的直线部分使与横轴相交，则交点的横坐标绝对值 ΔI_{f0} 应作为校正量，在所有试验测得的励磁电流数据上加上此值，即得通过原点之校正曲线，如图 2-9-2 所示。

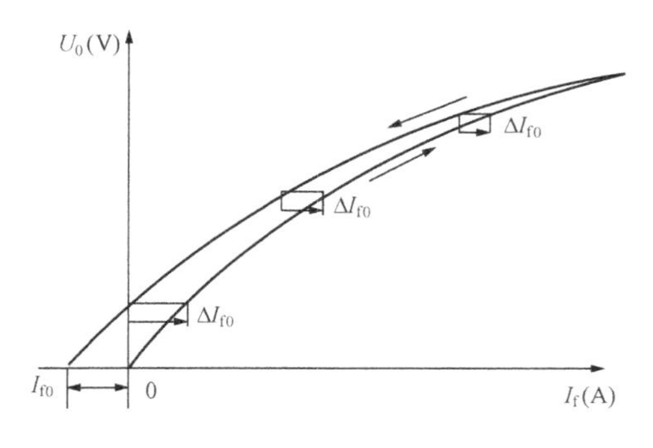

图 2-9-2　校正过的下降空载特性曲线

3. 三相短路实验

（1）同步发电机励磁电流源调节旋钮逆时针到底，按空载试验方法调节发电机转速为额定转速 1500r/min，且保持恒定。

（2）用短接线把发电机输出三端点短接，合上同步电机励磁电源船形开关，调节同步发电机的励磁电流 I_f，使其定子电流 $I_k=1.2I_N$，读取同步发电机的励磁电流 I_f 和相应的定子电流值 I_k。

（3）减小发电机的励磁电流 I_f 使定子电流 I_k 减小，直至励磁电流为零，读取励磁电流 I_f 和相应的定子电流 I_k，共取数据 8 组并记录于表 2-9-4 中。

表 2-9-4　　同步发电机短路实验数据（$U=0$V，$n=n_N=1500$r/min）

序　号	1	2	3	4	5	6	7	8
I_k(A)								
I_f(A)								

（4）纯电感负载特性。

1）接通电源前，将同步发电机磁励电源调节旋钮逆时针调到底，调节可变电抗器使其阻抗达到最大，同时拆除同步发电机定子端的短接线。

2）按空载实验方法起动直流电动机，调节发电机的转速达1500r/min，并保持恒定。开关S2扳向“1”端，使发电机带纯电感运行。

3）调节直流电动机的磁场调节电阻 R_f 和可变电抗器使同步发电机端电压接近 $1.1U_N$ 且电流为额定电流 I_N，读取端电压值和励磁电流值。

4）每次调节励磁电流使发电机端电压减小，同时调节可变电抗器使定子电流值保持恒定为额定电流，读取端电压 U 和相应的励磁电流 I_f，测取8组数据并记录于表2-9-5中。

表2-9-5 同步发电机纯电感负载实验数据（$n=n_N=1500$r/min，$I=I_N=$____A）

序号	1	2	3	4	5	6	7	8
U_0(V)								
I_f(A)								

4. 测同步发电机在纯电阻负载（$\cos\varphi=1$）时的外特性

（1）将三相可变电阻器 R_L 调至最大，按空载实验的方法起动直流电动机，并调节其转速达同步发电机额定转速1500r/min，且转速保持恒定。

（2）开关S2合向“2”端（断开感性负载），开关S1合向“1”端，发电机带三相纯电阻负载运行。

（3）合上同步发电机励磁电源开关，调节发电机励磁电流 I_f 和负载电阻 R_L 使同步发电机的端电压达 $U_N=220$V，且负载电流亦达额定值 I_N。

（4）保持这时的同步发电机励磁电流 I_f 恒定不变，调节负载电阻 R_L，测同步发电机端电压 U 和相应的平衡负载电流 I，直至负载电流 I 减小到零，测出整条外特性，测取8组数据记录于表2-9-6中。

表2-9-6 同步发电机纯电阻负载实验数据（$n=n_N=1500$r/min，$I_f=$____A，$\cos\varphi=1$）

序号	1	2	3	4	5	6	7	8
U(V)								
I(A)								

5. 测同步发电机在 $\cos\varphi=0.8$ 时的外特性

（1）分别将三相可变电阻 R_L 和三相可变电抗 X_L 调至最大，并将同步发电机励磁电源调节旋钮逆时针调到底。

（2）按空载方法起动直流电动机，并调节电动机转速使其达同步发电机额定转速 $n=n_N=1500$r/min，且保持转速额定。将开关S1、S2均合向“1”端，R_L 和 X_L 并联使用作为同步发电机的负载。

（3）合上同步发电机励磁电源开关，分别调节同步电机励磁电流 I_f、负载电阻 R_L 和可变电抗 X_L，使同步发电机的端电压达额定值 $U_N=220$V，负载电流达额定值且 $\cos\varphi=0.8$。

（4）保持这时的同步发电机励磁电流 I_f 恒定不变，调节负载电阻 R_L 和可变电抗器 X_L 使负载电流改变而 $\cos\varphi=0.8$ 保持不变，测同步发电机端电压 U 和相应的平衡负载电流 I，记录8组数据于表2-9-7中，测出整条外特性。

表 2-9-7　同步发电机阻感性负载实验数据（$n=n_N=1500$r/min，$I_f=$____A，$\cos\varphi=0.8$）

序　号	1	2	3	4	5	6	7	8
U(V)								
I(A)								

6. 测同步发电机在纯电阻负载时的调整特性

(1) 发电机接入三相负载电阻 R_L（S1合向"1"），断开感性负载 X_L（S2合向"2"），并调节 R_L 至最大，按前述方法起动直流电动机，并调节电动机转速 $n=n_N=1500$r/min，且保持恒定。

(2) 合上同步发电机励磁电源开关，调节同步发电机励磁电流 I_f，使发电机端电压达额定值 $U_N=220$V，且保持恒定。

(3) 调节负载电阻 R_L 以改变负载电流，同时保持电动机端电压 U 不变。读取相应的励磁电流 I_f 和负载电流 I，测出8组数据记录于2-9-8中，测出整条调整特性。

表 2-9-8　同步发电机纯电阻负载调整特性实验数据（$U=U_N=220$V，$n=n_N=1500$r/min）

序　号	1	2	3	4	5	6	7	8
I(A)								
I_f(A)								

实验注意事项

(1) 转速保持 $n=n_N=1500$r/min 恒定。

(2) 在额定电压附近读数相应多些。

预习思考题

(1) 同步发电机在对称负载下运行时有哪些基本特性？这些基本特性各在什么情况下测得？

(2) 怎样用实验数据计算对称运行时的稳态参数？

(3) 由空载特性和特性三角形用作图法求得的零功率因数的负载特性与实测特性是否有差别？造成这差别的原因是什么？

实验报告要求

(1) 根据实验数据绘出同步发电机的空载特性。

(2) 根据实验数据绘出同步发电机短路特性。

(3) 根据实验数据绘出同步发电机的纯电感负载特性。

(4) 根据实验数据绘出同步发电机的外特性。

（5）根据实验数据绘出同步发电机的调整特性。

（6）由零功率因数（纯电感负载）特性和空载特性确定电机定子保梯电抗。

（7）求短路比。

（8）由外特性试验数据求取电压调整率 $\Delta U\%$。

实验十　三相同步发电机的并联运行

实验目的

（1）掌握三相同步发电机投入电网并联运行的条件与操作方法。

（2）掌握三相同步发电机投入电网并联运行时有功功率与无功功率的调节。

实验说明

（1）采用准确同步法将三相同步发电机投入电网并联运行。

（2）采用自同步法将三相同步发电机投入电网并联运行。

（3）三相同步发电机与电网并联运行时有功功率的调节。

（4）三相同步发电机与电网并联运行时无功功率的调节。

1）测取当 $P_2 \approx 0$ 时三相同步发电机的 V 形曲线。

2）测取当 $P_2 \approx 0.5P_N$ 时三相同步发电机的 V 形曲线。

实验设备

（1）电机教学实验台主控制屏。

（2）电机导轨及测功机、转矩转速测量仪。

（3）三相可变电阻器（90Ω）。

（4）波形测试及开关板。

（5）旋转指示灯、整步表。

（6）同步发电机励磁电源、直流电动机电源。

（7）直流电动机起动箱。

（8）三相同步发电机。

（9）直流并励电动机。

实验内容

1. 采用准同步法将三相同步发电机投入电网并联运行

实验接线如图 2-10-1 所示。图中，原动机选用直流并励电动机（作他励接法）；PmA、PA1、PV1 选用直流电源自带毫安表、电流表、电压表；R_{st} 选用电机起动箱中电枢调节电阻（100Ω）；R_f 选用电机起动箱中磁场调节电阻（最大值为 3000Ω）；R 选用 90Ω 电阻；开关 S1、S2 选用波形测试及开关板上的开关。交流电压表、电流表、功率表的选择同本篇实验七。

三相同步发电机投入电网并联运行必须满足以下四个条件。

（1）发电机的频率和电网频率要相同，即 $f_{\mathrm{I}} = f_{\mathrm{II}}$；

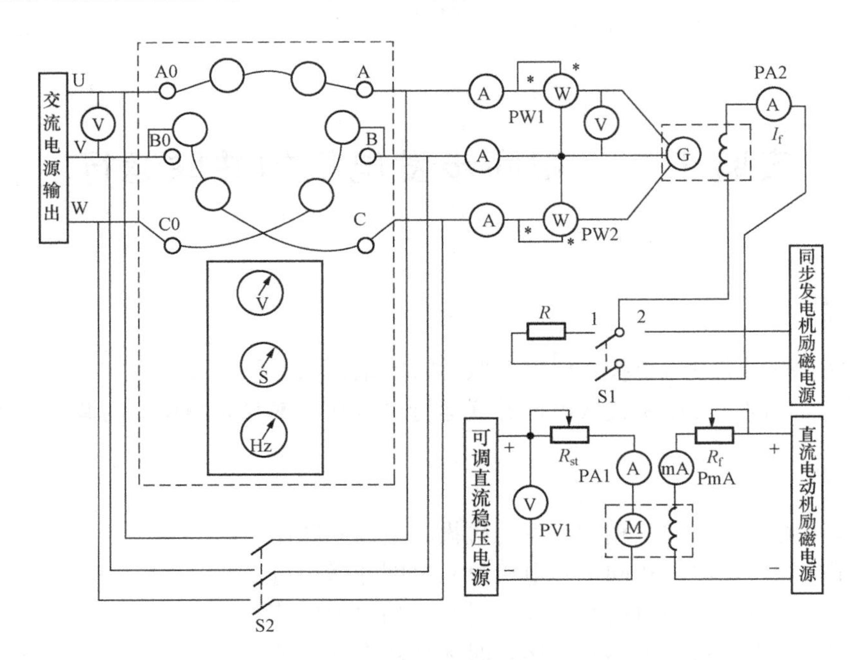

图 2-10-1 三相同步发电机并网实验接线图

（2）发电机出口电压和电网电压大小相同，即 $U_{\mathrm{I}}=U_{\mathrm{II}}$；

（3）发电机出口电压和电网的相序要相同；

（4）发电机出口电压和电网电压的相位相同。

为了检查这些条件是否满足，可用电压表检查电压，用灯光旋转法或整步表法检查相序和频率。

实验步骤如下：

（1）三相调压器旋钮逆时针到底，开关 S2 断开，开关 S1 合向“1”端，确定“可调直流稳压电源”和“直流电机励磁电源”开关均在断开位置，合上交流电源按钮开关，调节调压器旋钮，使交流输出电压达到同步发电机的额定电压 $U_N=220$V。

（2）直流电动机电枢调节电阻 R_{st} 调至最大，励磁调节电阻 R_f 调至最小，先合上直流电动机励磁电源开关，再合上可调直流稳压电源开关，起动直流电动机，并调节电动机转速为 $n_N=1500$r/min。

（3）开关 S1 合向“2”端，接通同步发电机励磁电源，调节同步发电机励磁电流 I_f，使同步发电机发出额定电压 $U_N=220$V。

（4）观察三组相灯，若依次明灭形成旋转灯光，则表示发电机和电网相序相同；若三组灯同时发亮，同时熄灭，则表示发电机和电网相序不同。发电机和电网相序不同时应先使直流电动机停机，调换发电机或三相电源任意两根端线以改变相序后，按前述方法重新起动直流电动机。

（5）当发电机和电网相序相同时，调节同步发电机励磁电流 I_f 使同步发电机电压和电网电压相同。然后细调直流电动机转速，使各相灯光缓慢地轮流旋转发亮，此时接通整步表直键开关，观察整步表中电压表和频率表应指在中间位置，整步表指针逆时针缓慢旋转。

（6）待 A 相灯熄灭时合上并网开关 S2，将同步发电机投入电网并联运行。

（7）停机时应先断开整步表直键开关，断开并网开关 S2，将 R_{st} 调至最大，三相调压器逆时针旋到零位，并先断开电枢电源后断开直流电机励磁电源。

2. 采用自同步法将三相同步发电机投入电网并联运行

（1）在并网开关 S2 断开且相序相同的条件下，将开关 S1 合向“2”端接至同步发电机励磁电源，整步表直键开关打在“断开”位置。

（2）按前述方法起动直流电动机，并使直流电动机升速到接近同步转速（1475～1525r/min）。

（3）启动同步发电机励磁电流源，并调节励磁电流 I_f 使发电机电压约等于电网电压 $U_N=220V$。

（4）将开关 S1 闭合到“1”端，接入电阻 R（R 为 90Ω 电阻，其值约为三相同步发电机励磁绕组电阻的 10 倍）。

（5）合上并网开关 S2，再将开关 S1 闭合到“2”端，这时发电机利用“自整步作用”迅速被牵入同步。

3. 三相同步发电机与电网并联运行时有功功率的调节

（1）按上述标题 1、2 中任意一种方法将同步发电机投入电网并联运行。

（2）并网以后，调节直流电动机的励磁电阻 R_f 和同步电机的励磁电流 I_f，使同步发电机定子电流接近于零，这时相应的同步发电机励磁电流 $I_f=I_{f0}$。

（3）保持这一励磁电流 I_f 不变，调节直流电动机的励磁调节电阻 R_f，使其阻值增加，这时同步发电机输出功率 P_2 增加。

（4）在同步发电机定子电流接近于零至额定电流的范围内，读取三相电流、三相功率、功率因数，共取数据 6 组记录于表 2-10-1 中。

表 2-10-1　并联运行有功功率调节实验数据［$U_N=220V$（Y 形连接），$I_f=I_{f0}=$____ A］

序号	测量值					计算值		
	输出电流 I（A）			输出功率 P（W）		I	P	$\cos\varphi$
	I_U	I_V	I_W	P_I	P_{II}			
1								
2								
3								
4								
5								

注　$I=\frac{I_U+I_V+I_W}{3}, P_2=P_I+P_{II}, \cos\varphi=\frac{P_2}{\sqrt{3}UI}$。

4. 三相同步发电机与电网并联运行时无功功率的调节

（1）测取当 $P_2\approx0$ 时三相同步发电机的 V 形曲线。

1）按上述标题 1、2 中任意一种方法将同步发电机投入电网并联运行。

2）保持同步发电机的输出功率 $P_2\approx0$。

3）先调节同步发电机励磁电流 I_f，使 I_f 上升，发电机定子电流随着 I_f 的增加上升到额定电流，并调节 R_{st} 保持 $P_2\approx0$。记录此点同步发电机励磁电流 I_f、定子电流 I。

4）减小同步发电机励磁电流 I_f 使定子电流 I 减小到最小值，记录此点相关数据。

5）继续减小同步发电机励磁电流，这时定子电流又将增加直至额定电流。

6）分别在这过励和欠励情况下，读取 9 组数据记录于表 2-10-2 中。

表 2-10-2　并联运行无功功率调节实验数据表（一）（$n_N=1500\text{r/min}$，$U_N=220\text{V}$，$P_2\approx0$）

序号	三 相 电 流 I（A）				励磁电流 I_f（A）
	I_U	I_V	I_W	I	
1					
2					
3					
4					
5					
6					
7					
8					
9					

注　$I=\frac{I_U+I_V+I_W}{3}$。

（2）测取当 $P_2\approx0.5P_N$ 时三相同步发电机的 V 形曲线。

1）按上述 1、2 任意一种方法把同步发电机投入电网并联运行。

2）保持同步发电机的输出功率 $P_2\approx0.5P_N$。

3）先调节同步发电机励磁电流 I_f，使 I_f 上升，发电机定子电流随着 I_f 的增加上升到额定电流。记录此点同步发电机励磁电流 I_f、定子电流 I。

4）减小同步发电机励磁电流 I_f 使定子电流 I 减小到最小值，记录此点相关数据。

5）继续减小同步发电机励磁电流，这时定子电流又将增加直至额定电流。

6）分别在这过励和欠励情况下，读取 9 组数据记录表 2-10-3 中。

表 2-10-3　并联运行无功功率调节实验数据表（二）（$n_N=1500\text{r/min}$，$U_N=220\text{V}$，$P_2\approx0.5P_N$）

序号	三 相 电 流 I（A）				励磁电流 I_f（A）
	I_U	I_V	I_W	I	
1					
2					
3					
4					

续表

序号	三　相　电　流 I（A）				励磁电流 I_f（A）
	I_U	I_V	I_W	I	
5					
6					
7					
8					
9					

注　$I=\frac{I_U+I_V+I_W}{3}$，$\cos\varphi=\frac{P_2}{\sqrt{3}UI}$。

预习思考题

（1）三相同步发电机投入电网并联运行有哪些条件？不满足这些条件将产生什么后果？如何满足这些条件？

（2）三相同步发电机投入电网并联运行时如何调节有功功率和无功功率？调节过程又是怎样的？

（3）自同步法将三相同步发电机投入电网并联运行时，先要将同步发电机的励磁绕组串入10倍励磁绕组电阻值的附加电阻组成回路，其作用是什么？

（4）自同步法将三相同步发电机投入电网并联运行时，先由原动机将同步发电机带动旋转到接近同步转速（1475～1525r/min）然后并入电网，若转速太低并入电网时将发生什么情况？

实验报告要求

（1）评述准确同步法和自同步法的优缺点。

（2）试述并联运行条件不满足时并网将引起的后果。

（3）试述三相同步发电机和电网并联运行时有功功率和无功功率的调节方法。

（4）画出 $P_2\approx0$ 和 $P_2\approx0.5P_N$ 时同步发电机的V形曲线，并加以说明。

附录 A NEEL-Ⅱ型电工电子教学实验台简介

本书中使用的是浙江求是科教设备有限公司的 NEEL-Ⅱ型电工电子教学系统实验台。该实验台采用固定式和挂箱式相结合的模式，实验电源和交流仪表采用固定式，部分仪表和实验内容采用挂箱式，可根据实验项目内容灵活更替挂箱；该实验台的仪表均配置虚拟仪器数据采集系统，实验过程可以实时采集数据，通过教师机组成局域网自动备份到教师机上。该实验台整体性、一致性强、设备集中，便于教师组织和指导实验教学。

一、电源结构及使用说明

1. 单相、三相交流电源

附图 A-1 所示电源控制屏由电源开关（红色指示灯为断开按钮，绿色指示灯为接通按钮）、交流电源输出调节器、三个指针式交流电压表及三相电源输出端（U、V、W、N）组成，固定安装在实验台上。

三相交流电源线电压 0～430V 连续可调（U_{uv}、U_{vw}、U_{wu} 由三个指针式交流电压表监测），输出 0～240V 连续可调的相电压。U、V、W 三相电路中设有过流告警指示灯，电源短路或电流超过 3A 时，告警指示灯亮并发出蜂鸣声，下方设有复位键可解除告警。

2. 直流电压源和直流电流源

（1）直流电压源。附图 A-2 所示直流电压源为双路 0～30V 可调，准确度为 0.5 级，最大输出电流为 0.5A，有短路保护和自动恢复功能。两路电源不共地，可串联使用，左侧为Ⅰ路，右侧为Ⅱ路。两路电源的电压输出值由一个仪表显示，通过红色按钮开关选择仪表显示输出Ⅰ路或Ⅱ路的电压值（中间红色键按下“▬”显示Ⅰ路源输出电压；红色键弹起“┻”显示Ⅱ路输出电压）。

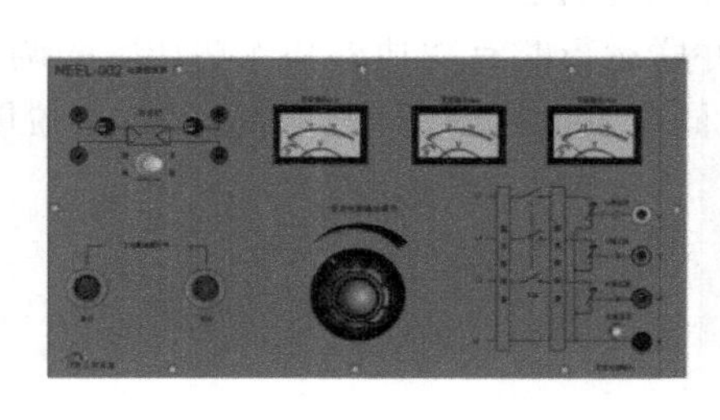

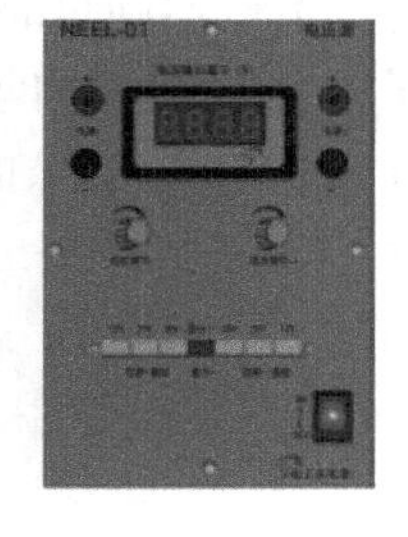

附图 A-1 电源控制屏　　附图 A-2 电压源

（2）直流电流源。附图 A-3 所示直流电流源的调节范围为 0～200mA 连续可调，最大开路电压为 30V，有开路保护功能。电路中没有形成回路时电流源无电流输出，分为 2、20mA 和 200mA 三个量程，实验时可根据实验需要选择适合量程，调节所需电流。

3. 信号源

附图 A-4 所示信号源面板由信号输出端、6 位数字频率仪表、频率外测端、幅值调节旋钮、频率粗调旋钮、频率细调旋钮、单次脉冲按钮、波形选择开关、频段选择开关、高频探头座输出端、频率计和信号源选择开关组成。信号源输出三角波、正弦波、方波、二脉、四脉、八脉、单次等波形，配有准确度为 0.5 级 6 位 1MHz 数字式频率计，监示信号源输出频率。幅值调节范围为 0～17Vp-p，带有 20、40dB 衰减功能。

附图 A-3　电流源

附图 A-4　信号源

二、主要仪表设备

1. 交流电压表、交流电流表

附图 A-5（a）所示交流电压表、交流电流表是数模双显交流仪表，准确度为 0.5 级，具有超量程告警保护功能。电压表量程为 10、30、100、300、500V；电流表量程为 0.1、0.3、1、3、5A。

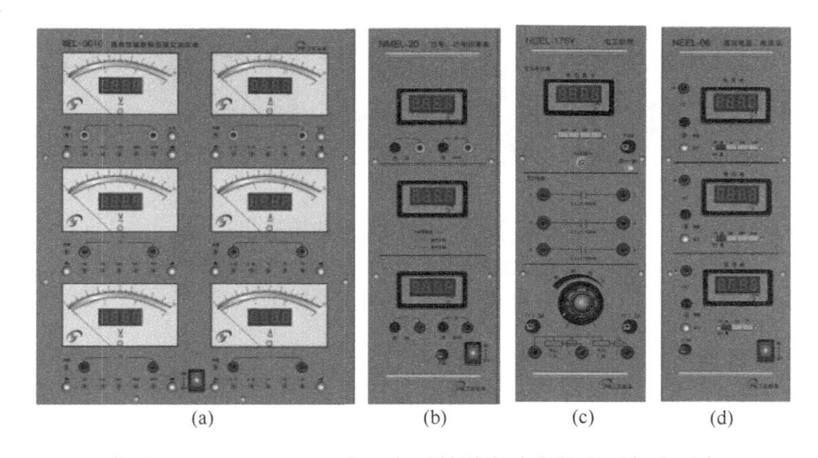

(a)　(b)　(c)　(d)

附图 A-5　NEEL-Ⅱ型电工电子教学实验台的主要仪表设备

（a）数模双显交流电压、电流表；（b）功率表、功率因数表挂箱；（c）交流毫伏表挂箱；（d）直流电压表、电流表挂箱

2. 功率表和功率因数表

附图 A-5（b）所示功率表由电流接线端、电压接线端和测量显示仪表组成。功率表电流接线端应与负载串联，电压接线端应与负载并联；接线应遵守“发电机端”守则，功率表电流接线端和电压接线端“发电机端”（标有 * 号端）方向应接在电源的同一侧；功率表电压和电流量程应大于等于电路电压或电流，功率量程应大于等于负载功率。

附图 A-5（b）中功率因数表是单相交流电路或电压对称负载平衡的三相交流电路中测量功率因数的仪表，实验挂箱在内部与附图 A-5（b）上方功率表已接好线，使用时与功率表配合。功率因数表测量时若显示“C”开头的数值代表负载为容性，显示“L”开头的数值代表负载为感性。

3. 交流毫伏表

附图 A-5（c）所示交流毫伏表由测量显示仪表、量程切换开关和输入端高频探头座组成。毫伏表的测量范围是 0～200V，分为 200mV、2V、20V 和 200V 四个量程；测量准确度以 1kHz 为准，测量误差±30 个字，电压频率响应范围 10Hz～1MHz，测量误差±50 个字。测量时注意要选择合适的量程进行测量可减小测量误差。

4. 直流电压表、电流表

附图 A-5（d）所示直流电压表、电流表准确度均为 0.5 级，具有超量程告警保护功能。电压表测量范围为 0～200V，量程为 2、20、200V；毫安表测量范围为 0～200mA，量程为 2、20、200mA；安培表测量范围为 0～5A，量程为 2、5A。

5. 常用元件挂箱

常用的交流电路实验箱、电工原理、电感、电容及电阻元件挂箱如附图 A-6 所示。

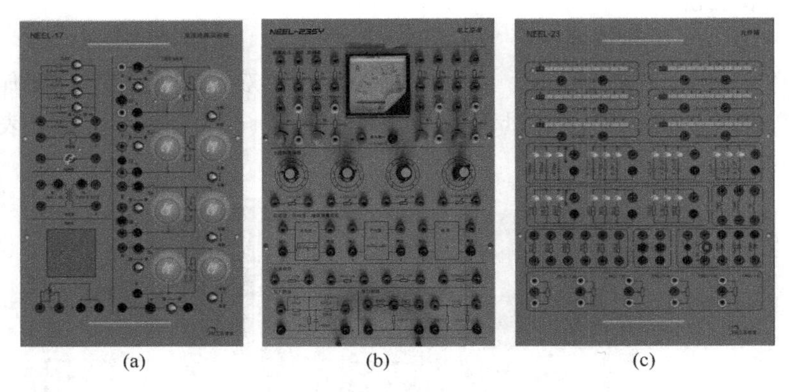

(a) (b) (c)

附图 A-6 常用元件挂箱

（a）交流电路实验挂箱；（b）电工原理实验挂箱；

（c）电阻、电感、电容实验挂箱

三、使用注意事项

（1）合上与断开电源控制屏的交流电源时都应将电源输出调节器逆时针调到头，即实验时从零开始调节，实验过程中要改接电路，也应先断开交流电源再接线。

（2）直流电压源、电流源使用时应先校准在接入电路使用。

（3）信号源使用时注意扫频和直流偏置旋钮应处于逆时针到头的位置，频率粗调和频率细调共同控制调节所需频率。

（4）交流毫伏表使用时注意选择恰当的量程减小测量误差，用测试线测负载电压时注意毫伏表的负端靠近信号源的负端连接。

（5）使用实验台的元器件时应注意不能超过其额定参数，如额定电压、额定电流及额定功率等。

附录B 电机系统实验平台简介

一、MEL-Ⅱ型电机系统教学实验台

本书中使用的是浙江求是科教设备有限公司的MEL-Ⅱ型电机系统教学实验台。该实验台与现在大多数学校使用的设备类似，特点是采用挂件模块化结构。实验装置将常用的交流和直流电源以及交流仪表固定在实验台的左侧，而将其他的设备（如变压器、电阻、直流仪表、转速转矩测试仪等）制成挂箱，根据不同的实验内容选择不同的挂件。对于各种旋转电机则通过实验台桌面上的电机导轨选择性安装使用，接线采用安全方便的插头及分色连接线，简洁安全。

以下介绍该实验台的常用设备及挂件。

1. 三相可调电阻（MEL-03、MEL-04）

按实验要求有两组三相可调电阻，每组三相可调电阻的单相均由两个电阻组成，参数分别为900Ω（MEL-03）和90Ω（MEL-03）两种。按串联可组成1800/180Ω或并联可组成450/45Ω两种规格的电阻供实验要求使用。

2. 直流电压表、电流表、毫安表（MEL-06）

挂件上有直流电压表、电流表、毫安表各一块。直流电压表量程最大为300V，有2、20、300V三挡量程可选用。直流电流表量程最大为5A，有2、5A两挡量程可选用。直流毫安表量程最大为200mA，有2mA、20mA、200mA三挡量程可选用。

3. 转速转矩测试仪（MEL-13）

挂件上有转速表和转矩表各一块。转速测量采用光电码盘，用单片机进行处理，计算脉冲的宽度，即可测得转速。转矩测量采用涡流测功机，对涡流测功机进行加载时，涡流测功机的定子将向反向偏转一个角度，通过电阻应变式压力传感器测输出功率的大小，换算后可显示转矩大小。挂件上还设有“转矩设定”电位器，通过它的转换可以分别测量转矩或电机的M-s曲线。

4. 波形测试及开关板（MEL-05）、电机起动箱（MEL-09）

波形测试及开关板（MEL-05）是实验中为测试参数波形设置的装置，上面附带三组双掷开关。电机起动箱（MEL-09）上有三个电阻，分别用作直流电动机的电枢调节电阻100Ω、磁场调节电阻3000Ω，以及交流绕线式电动机的起动电阻（共五挡，分别是0、2、5、15Ω、∞）。

5. 三相组式变压器（MEL-01）、三相心式变压器（MEL-02）

三相组式变压器（MEL-01）由三个参数相同的单相变压器组成。三相心式变压器（MEL-02）实质上是一个三绕组变压器，可按实验要求接成星形或三角形。

二、实验装置的变压器和电机

MEL-Ⅱ型电机系统教学实验台配套有小容量三相组式变压器（MEL-01）和三相心式变压器（MEL-02）以及设计专用的模拟工业现场特性的旋转电机（包括直流电机、三相异

步电动机和同步电动机）。

实验用各种旋转电机必须安装在电机导轨上（MEL-14），涡流测功机作为旋转电机的负载，通过联轴器与旋转电机同轴连接，可同时测量转速及转矩。

三、实验装置的公用电源及常用交流仪表

MEL-Ⅱ型电机系统教学实验台配有交、直流可调电源，这些电源都是固定安装。电源均设有过电压和过电流及漏电保护（告警）装置，当出现上述故障时能及时告警同时自动切断电源输出。

1. 交流电源

总开关采用漏电保护器，即必须先合上漏电保护器才能合上交流电源，然后通过按钮开关使交流电源与实验设备或仪表连接。

2. 可调直流稳压电源和直流电机励磁电源

可调直流稳压电源带有电压表和电流表。其中电压表内部已经接好，直接显示输出电压，量程为80～250V。而电流表的输入信号根据实验内容而定，可用作本装置的电流测量显示，也可以外接电路电流的测量显示，量程为2A。

220V直流电机励磁电源提供220～230V/0.5A的直流电源，供直流电机励磁绕组使用，其电压输出端子只能输出电压，不能作为测试端输入电压。配置的直流毫安表既可用作直流电机励磁电源的电流测量显示，也可用作外接电路电流的测量显示，用作外接时注意电流不能超过200mA。需要注意的是直流毫安表电源受可调直流稳压电源控制。

3. 同步电机励磁电源

该电源属于电流源，它的调节范围为0～2.5A，最大输出电压为24V，带3位半数字显示监视输出电流，并具有开路保护功能。本电源输出显示只能供本装置使用，不可用作外接。电流调节顺时针增大，工作时工作指示灯亮，当告警时，可按下复位按钮即可正常工作。

四、实验台使用时的注意事项

（1）测功机只能输出信号，不能外接输入。

（2）电阻盘转动不要用力过猛，以免损坏电阻盘。

（3）电机与导轨连接时不要用力过猛，一定要连上橡皮连接头，加上固定螺丝。

（4）仪表使用时注意量程选择，防止乱告警。

（5）当电路告警或换做新实验时，交流电源调节从零开始。

（6）励磁电源不要和直流稳压电源混淆，以免损坏设备。

（7）设备中使用的熔丝要按要求选择，不可过大或过小。

（8）挂箱搬动要轻拿轻放，避免因为剧烈震动使内部电路插板松动。

（9）维护设备时，烙铁不要放在实验桌及主控制屏上，以免损坏设备。

五、MEL-Ⅱ型电机系统教学实验台各被试电机的参数

1. 三相组式变压器（MEL-01）

单相变压器的额定容量S_N=77VA，额定电压U_{1N}/U_{2N}=220V/55V，额定电流I_{1N}/I_{2N}=0.35A/1.4A；三相组式变压器额定容量S_{1N}/S_{2N}=231VA/231VA，额定电压U_{1N}/U_{2N}=380V/95V，额定电流I_{1N}/I_{2N}=0.35A/1.4A，Yy接法。

2. 三相心式变压器（MEL-02）

额定容量 $S_{1N}/S_{2N}/S_{3N}=152VA/152VA/152VA$，额定电压 $U_{1N}/U_{2N}/U_{3N}=220V/63.5V/55V$，额定电流 $I_{1N}/I_{2N}/I_{3N}=0.4A/1.38A/1.6A$，Ydy 接法。

3. 直流发电机（M01）

额定功率 $P_N=100W$，额定电压 $U_N=200V$，额定电流 $I_N=0.5A$，额定转速 $n_N=1600r/min$。E级绝缘。

4. 直流串励电动机（M02）

额定功率 $P_N=120W$，额定电压 $U_N=220V$，额定电流 $I_N=0.5A$，额定转速 $n_N=1400r/min$。E级绝缘。

5. 直流并励电动机（M03）

额定功率 $P_N=185W$，额定电压 $U_N=220V$，额定电流 $I_N=1.1A$，额定励磁电流 $I_{fN}=0.16A$，额定转速 $n_N=1600r/min$。E级绝缘。

6. 三相笼型异步电动机（M04）

额定功率 $P_N=100W$，额定电压 $U_N=220V$，额定电流 $I_N=0.48A$，额定转速 $n_N=1420r/min$，定子三相绕组三角形连接。E级绝缘。

7. 三相绕线式异步电动机（M09）

额定功率 $P_N=100W$，额定电压 $U_N=220V$，额定电流 $I_N=0.55A$，额定转速 $n_N=1420r/min$，定、转子三相绕组均星形连接。E级绝缘。

8. 三相同步发电机（M08）

额定功率 $P_N=170W$，额定电压 $U_N=220V$，额定电流 $I_N=0.45A$，额定转速 $n_N=1500r/min$，定子三相绕组星形连接。E级绝缘。

9. 三相同步电动机（M08）

额定功率 $P_N=90W$，额定电压 $U_N=220V$，额定电流 $I_N=0.35A$，额定转速 $n_N=1500r/min$，定子三相绕组星形连接。E级绝缘。

参 考 文 献

[1] 于文波．电工测量技术．2版．北京：中国电力出版社，2015.
[2] 齐凤艳．电路实验教程．北京：机械工业出版社，2009.
[3] 蔡元宇．电路与磁路．4版．北京：高等教育出版社，2013.
[4] 刘青松．电工测试基础．2版．北京：中国电力出版社，2011.
[5] 智强．电工测量与实验．北京：化学工业出版社，2010.
[6] 李书杰．电路实验教程．北京：冶金工业出版社，2004.
[7] 邱关源．电路．5版．北京：高等教育出版社，2006.
[8] 富强．电机实验技术．北京：中国电力出版社，2009.
[9] 徐利．电机及拖动实验技术．北京：中国电力出版社，2009.
[10] 吕宗枢．电机学．北京：高等教育出版社，2008.
[11] 赵君有．电机学．北京：中国电力出版社，2006.
[12] 付家才．电机实验与实践．北京：机械工业出版社，2007.